L'ŒUVRE AGRICOLE

DE

M. DE BÉHAGUE

PARIS. — IMP. SIMON RAÇON ET COMP., RUE D'ERFURTH, 1.

M. DE BEAULIEU

L'ŒUVRE AGRICOLE

DE

M. DE BÉHAGUE

COMPTE RENDU D'UNE VISITE

FAITE

PAR UNE DÉLÉGATION DE LA SOCIÉTÉ CENTRALE D'AGRICULTURE DE FRANCE

SUR

LE DOMAINE DE DAMPIERRE

Appartenant à M. de Béhague, membre de la Société

PAR

J.-A. BARRAL

SECRÉTAIRE PERPÉTUEL

PRÉCÉDÉ

D'UN DISCOURS ET D'UN TABLEAU

PAR

M. E. CHEVREUL

PRÉSIDENT

948

PARIS

G. MASSON, ÉDITEUR

LIBRAIRE DE L'ACADÉMIE DE MÉDECINE

PLACE DE L'ÉCOLE-DE-MÉDECINE

1875

AVIS AU LECTEUR

————

C'est tout à fait par exception à ses règlements et à ses traditions que la Société centrale d'agriculture de France a chargé une délégation spéciale, prise dans son sein, de visiter l'exploitation agricole de Dampierre, et de lui faire un rapport sur une œuvre exécutée par un de ses membres. Il fallait l'importance de cette œuvre pour motiver une telle dérogation à l'usage séculaire de s'abstenir de prononcer tout jugement, du vivant d'un membre de la Société, sur ses actes, même purement agricoles. La Société a voulu, en conséquence, que le rapport sur la visite à Dampierre eût un développement qui fût lui-même exceptionnel.

Un autre motif légitime cette publication. L'institution des primes d'honneur, qui fait faire tant de progrès à l'agriculture, en engageant les exploitants du sol, propriétaires, fermiers, métayers, à perfectionner les méthodes de culture, les instruments de labour, l'élevage des animaux domestiques, donne lieu à beaucoup de rapports sur les lauréats de cette grande et enviée récompense. Mais, pour la plupart, les rapports sur es concours des primes d'honneur, quel que soit d'ailleurs

1

l'intérêt qu'ils peuvent présenter au point de vue local ou au point de vue personnel des concurrents, ne peuvent guère servir pour hâter les progrès de l'agronomie ou même pour comparer l'état présent de l'agriculture à l'état passé et permettre d'apprécier l'avenir. Il y avait donc utilité réelle à donner une sorte de type montrant comment les questions si diverses soulevées par l'étude d'une exploitation rurale complexe peuvent être exposées ou résolues. Le propriétaire exploitant du domaine de Dampierre, ayant été lauréat de la grande prime d'honneur pour le département du Loiret, il était plus particulièrement opportun de faire un travail de ce genre sur ses cultures arables et forestières. Le rapport que ce volume extrait du *Bulletin des séances de la Société centrale d'agriculture de France*, pour le mettre à la portée de tous les agriculteurs, contient une étude des procédés de culture et d'élevage les plus variés, et offre des solutions aux plus grands problèmes de l'économie rurale. Beaucoup de travaux semblables offriraient à la science et à la pratique un champ fertile en faits d'observation ou d'expérience et en déductions appuyées sur des bases certaines.

DISCOURS

PRONONCÉ PAR M. CHEVREUL A LA SÉANCE ANNUELLE
DU 13 DÉCEMBRE 1874

MESSIEURS ET CHERS COLLÈGUES,

Que mes premières paroles soient une expression de regrets; que cette double séance de Pâques et de rentrée ne soit point présidée par M. le ministre de l'agriculture et du commerce, et que ceux qui ont bien mérité de l'agriculture à des titres divers ne reçoivent pas de ses mains mêmes les médailles d'honneur que la Société leur décerne !

Si quelque chose, chers collègues, peut alléger mes regrets, c'est la pensée d'exprimer en votre nom quelques paroles de profonde estime et de reconnaissance à un de nos confrères qui honore l'agriculture et le pays par les travaux d'une vie entière qui leur est dévouée, et par le petit livre qu'il vient de publier sous le titre modeste de·*Considérations sur la vie rurale, un grand-père à ses petits-enfants.*

Ce n'est point un écrit vulgaire, mais une œuvre

réfléchie. Si M. de Béhague s'adresse à ses petits-enfants, ses conseils, ses pensées, ses réflexions n'en sont pas moins profitables aux pères de famille dont la vie s'écoule dans le calme des champs. Certes, la peinture de la vie rurale s'y présente avec tant d'attraits, qu'elle triomphera, dans plus d'un cas, je l'espère, du penchant qui porte tant de jeunes gens à quitter la campagne, où ils sont nés, pour le séjour de la ville, où tant d'écueils menacent à la fois et leur bonheur et leur santé ! Ce récit des charmes d'une vie calme et pure m'a rappelé un écrit qui me frappa trop vivement, il y a quelques années, pour l'oublier à ce moment : c'est l'opuscule de notre confrère M. Moll sur le *Rôle de la Femme en agriculture;* l'homme des champs qui la possède n'a plus rien à désirer ; car le bonheur existe-t-il où la femme n'est pas ? et c'est alors qu'on apprécie la vérité des paroles du Cygne de Mantoue interprétées par Delille :

> Heureux l'homme des champs, s'il connaît son bonheur !
> .... Que lui manque-t-il? la nature est à lui !

Ces paroles sont-elles superflues ? Non certainement pour les lecteurs de votre petit livre, monsieur de Béhague. Ils y verront comment vous avez été si heureusement préparé à devenir ce que vous êtes. Une mère respectable ne vous perdit jamais de vue, et vous avez conservé de ses soins un souvenir qui vous honore ! Monsieur votre père vous mit, dès l'enfance, en contact avec ses fermiers et ses ouvriers, afin que vous connussiez bien ceux qu'un jour vous deviez diriger ; et, dès votre jeunesse, il vous familiarisa avec la comptabilité, en vous faisant sentir la nécessité de se rendre toujours compte de la dépense et de la recette, condition indispensable à remplir pour tous ceux qui cherchent, dans la carrière agricole, à la fois la fortune, l'aisance de la vie et l'estime durable de leurs concitoyens! Me trompé-je, monsieur et cher confrère, en pensant que c'est fort de cette éducation, reçue de la mère et du père, que, dans les cercles brillants de la capitale, vous devez de n'avoir pas cédé à des entraine-ments auxquels se laissent aller, à leur grand dé-triment, tant de jeunes gens oisifs et sans expérience du monde?

Élevé aux champs par d'excellents parents, vous n'avez pas eu l'avantage des écoles scientifiques des villes; mais votre esprit si juste vous a dit : Il y a des sciences, elles ont bien des rameaux, je sens le besoin de les connaître pour exploiter mes champs, et vous cherchez le guide qui vous manque. Après réflexion, vous avez entendu parler d'un homme qui est chez un de vos voisins, M. Vilmorin; cet homme, pensez-vous, peut vous éclairer, et voilà comment vous entrez en relation avec *Royer*, notre ancien et regretté collègue. Il ne vous a pas plutôt développé ses idées sur la distinction à faire de cinq catégories de terres à exploiter dans votre propriété, que cette distinction est comprise et adoptée : et que voilà le point de départ de l'agri-culture de Dampierre. Mais à votre début, après avoir profité de la science de Royer, allez-vous dissimuler le service rendu? Non, le premier, avec votre nature droite, vous reconnaissez ce que vous lui devez, et vous le rappelez, lorsque, frappé par la mort, il ne peut plus voir tout ce que vous avez fait !

Qu'il me soit permis, monsieur et cher confrère, d'accomplir la mission si douce que la Société m'a confiée, de dire, dans cette séance, ce que l'agriculture vous doit.

Le *principe* posé par Royer, la distinction des terres

à cultiver en cinq catégories, repose sur une sorte de *périodicité* d'après laquelle une *catégorie inférieure* de terre peut passer à une *catégorie supérieure* par le fait même du système de culture auquel elle est soumise durant un temps variable. La distinction de Royer est donc bien loin de correspondre à la *fixité* des groupes des espèces vivantes que l'esprit de la méthode naturelle tend à imprimer à chacun des groupes.

Le principe de Royer est-il une proposition banale ou le rêve de la pure imagination?

Non, il est le produit d'une observation continue de la stérilité de la Sologne et de la pensée vraiment scientifique autant que patriotique de livrer à l'agriculture une contrée entière qui s'y était soustraite.

Mais Royer, sans vous, dans sa position plus que modeste, n'aurait point eu la jouissance de voir sa conception accomplie.

A vous donc, monsieur et cher confrère, le mérite d'avoir mis en évidence la vérité du principe : d'abord, votre esprit si pénétrant l'a apprécié dès qu'il l'a connu : ensuite, votre esprit élevé d'administrateur y a subordonné une culture de 2,000 hectares ; enfin un succès incontesté de quarante années a couronné l'œuvre !

Vos succès, monsieur et cher confrère, tiennent à deux causes ; mais avant de les exposer, qu'il me soit permis, vu mon aversion de l'*équivoque* et mon extrême désir d'être bien compris de mon honorable auditoire, de m'expliquer sur deux expressions qui se rapportent précisément à vous et à votre œuvre, puisqu'en définitive il s'agit de deux qualités de votre esprit qui expliquent comment l'œuvre agricole de Dampierre s'est accomplie sous votre direction.

C'est d'abord la *disposition de l'esprit à* innover, puis la *disposition de l'esprit à* conserver. L'opposition de ces expressions, prises toutes les deux dans un sens favorable, me satisferait ; mais le mot *innover* signifiant à la lettre apporter une *innovation*, un *changement*, et cette *innovation* pouvant être *vraie* ou *bonne*, comme *fausse* ou *mauvaise*, je renonce désormais à l'employer. Je me servirai donc de l'expression *esprit progressif*, qui correctement ne peut être prise qu'en bonne part ; quant à l'expression d'*esprit conservateur*, je n'hésite pas à m'en servir avec le sens explicite qu'il ne signifie que la conservation de ce qui est bon, tandis que le mot *routine* signifie la *conservation* de ce qui peut être bon et mauvais à la fois.

L'*esprit progressif* est le caractère de l'espèce humaine ; il la distingue de toutes les espèces animales, car, en définitive, il est la source de ce que les moralistes appellent la perfectibilité humaine, et je n'hésite pas à citer cet admirable passage de Pascal exprimant si bien ce caractère :

« De là vient que, par une prérogative particulière, non-seulement chacun des hommes s'avance de jour en jour dans les sciences, mais que tous les hommes ensemble y font un continuel progrès à mesure que l'homme vieillit, parce que la même chose arrive dans la succession des hommes que dans les âges différents d'un particulier. De sorte que toute la suite des hommes, pendant le cours de tant de siècles, doit être considérée comme un même homme qui subsiste toujours et qui apprend continuellement ; d'où l'on voit avec combien d'injustice nous respectons l'antiquité dans ses philosophes ; car, comme la vieillesse est l'âge le plus distant de l'enfance, qui ne voit que la vieillesse, dans cet homme universel, ne doit pas être cherchée dans les temps proches de sa naissance, mais dans ceux qui en sont les plus éloignés ? »

Cette grande image de l'ensemble des hommes, représenté par *un seul*, vivant toujours et chaque jour apprenant à mesure qu'il s'éloigne de sa naissance, voilà bien le caractère distinctif de l'*espèce humaine* obéissant à l'*esprit progressif* qui découvre, qui invente et qui perfectionne ; et j'ajoute qui innove, mais toujours conformément au *beau*, au *bon*, au *juste* et au *vrai*.

Une innovation peut donc être ni *belle*, ni *bonne*, ni *juste*, ni *vraie ;* et la cause en sera diverse : par exemple, l'orgueil de soi-même, l'ignorance de ce qui est, de ce qui a été fait, et la paresse de l'esprit pour s'instruire. A ce point de vue l'*esprit d'innovation* devient L'ESPRIT DE RECUL, l'inverse de L'ESPRIT PROGRESSIF.

Toute *innovation* n'est donc pas bonne, et le moyen efficace de la combattre, quand elle est mauvaise, appartient à l'*esprit conservateur*, recourant à l'observation et à l'expérience, dirigées par l'esprit d'analyse, pour réduire l'*innovation* aux faits simples qu'elle comprend ; et, ces faits simples connus, doivent être soumis chacun à la *méthode* à posteriori *expérimentale* pour reconnaître ce qu'ils sont, eu égard à l'erreur ou à la vérité, au mal ou au bien. Après cet examen, le raisonnement conclut sur l'inconvénient ou l'avantage de l'innovation.

C'est donc là surtout que l'*esprit conservateur* intervient utilement pour empêcher l'*esprit d'innovation* de devenir *esprit de recul*.

A présent, monsieur et cher Confrère, nous pouvons dire ce que l'*esprit conservateur*, tel que nous l'envisageons, a d'excellent pour le *progrès*, et il importe surtout de faire valoir ici les qualités de l'esprit qu'il exige pour le distinguer de la *routine*, caractérisée surtout par la paresse de l'esprit.

Dans l'examen de tout objet qui fixe l'attention de l'*esprit conservateur*, la première étude à faire consiste à réduire l'objet aux faits simples qui le constituent, en cherchant à les distinguer en trois catégories : celle des faits à conserver, celle des faits à améliorer en les modifiant, celle enfin des faits à rejeter comme inutiles ou nuisibles.

Il est évident que l'*esprit conservateur* n'accomplit sa tâche, telle que nous l'envisageons, qu'à la condition d'être doué de quelque initiative émanée de l'*esprit progressif*.

Mon excuse de ces détails est l'appréhension de n'être pas compris en usant des expressions *esprit progressif* et *esprit conservateur*, à cause du double sens qu'elles n'ont que trop souvent. Mais, monsieur et cher Confrère, je serai compris de tous quand je dirai que chez vous l'*esprit progressif* est uni, dans la proportion la plus convenable, à l'*esprit conservateur* ; et c'est grâce à cette proportion que l'*esprit progressif* ne vous a jamais conduit à une innovation regrettable, comme l'*esprit conservateur* ne vous a jamais fait maintenir une pratique vicieuse. Toute innovation vous a donc réussi et toute chose ancienne que vous avez maintenue était utile ou avantageuse.

Après avoir parlé de la comptabilité, de la nécessité de connaître la *dépense* et le *revient* d'une opération agricole, nécessité dont Monsieur votre père vous entretenait dès votre première jeunesse, disons que, devenu maître, vous l'avez appliquée à toutes vos exploitations; et ce dont on ne peut trop vous louer, c'est de l'avoir rendue *positive* au point de vue de l'intérêt vénal, et, permettez-

1.

moi d'ajouter, *méthodique* au point de vue scientifique.
Et ici encore, monsieur et cher Confrère, vous avez été
bien inspiré en instituant une *comptabilité pratique* qui
ne vous trompa jamais, parce que vous ne lui deman-
dâtes que des choses dont *l'équivalent* est la *monnaie*,
et que l'imagination ou une prétention encyclopédique
ne vous égara pas, pour chercher une *comptabilité* dé-
pourvue de tout caractère positif, du moment où intervient la prétention d'assigner une valeur vénale à des
éléments de culture dont la détermination précise a
échappé encore à la science actuelle la plus avancée !
C'est là, monsieur et cher Confrère, ce que vous avez
évité, grâce à la qualité supérieure de votre *esprit conservateur*.

L'heureuse alliance de l'*esprit progressif* avec l'*esprit
conservateur* qui préside à vos opérations agricoles, et
la méthode de *comptabilité* qui intervient après chacune
d'elles pour en contrôler la valeur, expliquent vos succès.
Il me suffira de rappeler quelques-uns des résultats
auxquels vous êtes arrivé pour montrer que l'absolu ne
vous ayant jamais séduit ne vous a jamais égaré, et que
votre esprit positif, loin de conclure d'après une seule
expérience, en a toujours institué une seconde pour
savoir à quoi s'en tenir sur l'interprétation de la première.

Que l'on prenne pour exemple l'examen comparatif
du travail du bœuf et du cheval pour le labourage, et
l'on verra la manière, si simple et si satisfaisante cependant, au moyen de laquelle vous arrivez à une conclusion
des avantages et des inconvénients de chacun d'eux
dans des circonstances diverses, mais parfaitement dé-
finies.

Que l'on étudie le travail sur l'*emploi du sel dans
l'alimentation du bétail*, qui remonte à l'année 1847 et

où vous eûtes feu notre collègue Baudement pour collaborateur, et l'on verra combien les questions agricoles exigent de connaissances pour être traitées avec précision, et de justesse d'esprit critique pour que les conclusions en soient incontestables.

Vous vous êtes livré à l'élevage du cheval ; de plus, vous avez pris part aux concours des courses mêmes ; ici, permettez-moi de le dire, nous sortons un peu de l'agriculture que je qualifie de *positive*, pour tenter la *probabilité* des prix de courses et des paris qui en sont une conséquence.

Je décline toute compétence en matière de course ; mais souvent j'ai entendu dire que ce n'était pas un jeu bien chanceux à tenter : quoi qu'il en soit, vous vous y êtes livré, et loin de perdre, vous y avez gagné, comme votre comptabilité le constate. Mais, sans surprise, j'ai appris que vous y avez renoncé, parce que, avec votre excellent esprit, vous avez vu plus d'avantage à faire autre chose, et vous l'avouerai-je, monsieur et cher Confrère, peu disposé à estimer la fortune que donne le hasard, une renonciation raisonnée de votre part est d'un excellent exemple : et avec l'opinion que j'ai de la vivacité et de la justesse de votre esprit, j'ai la conviction qu'en matière de jeu, non de hasard, mais de réflexion, vous auriez été un joueur bien redoutable. A cet égard, permettez-moi de vous dire qu'à la cour du grand roi, je ne doute pas que vous eussiez donné à réfléchir au marquis de Dangeau, bien plus que ça ne lui arrivait quand il gagnait une partie royale ou encore une partie avec madame la marquise de Montespan.

Mais, monsieur et cher Confrère, tant de choses encore me restent à dire pour rappeler vos succès pratiques, que, forcé de me restreindre, je ne me permettrai plus qu'un seul fait : c'est le *musée numismatique* de Dampierre, composé des médailles obtenues en tant de concours agricoles, qu'elles témoignent, par leur nombre et leurs variétés, de l'activité, de la fécondité de votre esprit et de la variété de vos connaissances ; et, pour être absolument fidèle comme historien, j'ajouterai que le *musée numismatique* de Dampierre est orné de trois coupes d'honneur !

Monsieur et cher Confrère, en appliquant à votre *esprit* la qualification de *conservateur* telle que je l'ai définie pour éviter toute équivoque, j'ai montré la nécessité qu'il possédât la faculté de l'*analyse* afin de réduire à des faits simples ce qu'il faut conserver ou bien exclure de tout objet ancien sur lequel s'exerce l'esprit d'innovation. Ce travail, *tout éclectique*, ne peut être accompli qu'avec la connaissance du passé et celle des faits contemporains afférents à l'objet examiné. Or vous avez satisfait à cette double exigence.

En tout temps vous avez rendu justice à Olivier de Serres, à Duhamel du Monceau, au marquis de Turbilly, à nos contemporains Mathieu de Dombasle, Gasparin, Boussingault, Rieffel !... Vous avez reconnu leur double influence sur notre agriculture par les erreurs qu'ils ont effacées et par les vérités qu'ils ont établies.

De plus, vous avez voulu connaître l'agriculture anglaise par vous-même ; et, sans qu'il en coûtât rien à votre patriotisme, vous avez regretté les guerres, qui trop longtemps divisèrent deux peuples que séparent quelques kilomètres de mer seulement ; vous avez rendu justice à de grands noms, qui, depuis la reine Elisabeth, ont bien mérité de l'humanité, en donnant l'exemple de contrées entières de marécages insalubres livrées aujourd'hui à la culture, à l'avantage de tous ! Il y aurait de l'ingratitude de ne pas reconnaître avec vous la sympathie que nos voisins nous ont témoignée, après les désastres d'une guerre que je m'abstiens de caractériser dans cette enceinte ; ma disposition est bien plus douce à suivre votre exemple, en profitant de l'occasion d'exprimer pour la seconde fois un sentiment de profonde reconnaissance pour sir Richard Wallace, qui a montré dans nos désastres un cœur si éminemment français ; et j'ajouterai que j'ai été heureux de la proposition faite à la Société par sa Section de grande culture d'accorder à M. Richardson la médaille d'or qui sera proclamée dans cette séance !

Mais, après avoir rappelé votre fondation d'un prix pour encourager la science vétérinaire des animaux domestiques, monsieur et cher Collègue, malgré mon désir d'être bref, si je m'arrêtais ici, nos confrères seraient unanimes, sinon à dire, du moins à penser que je n'ai pas été l'organe fidèle de leurs sentiments, que je n'ai pas tout dit de Dampierre. Ils auraient raison. Effectivement, l'œuvre de Dampierre n'est pas seulement agricole et française, mais, incontestablement, elle est encore morale et sociale, et je ne m'exposerai pas à être contredit en ajoutant que, dans le temps actuel, elle est un noble exemple à suivre, surtout après la lecture de vos *Considérations sur la vie rurale*. Je ne doute pas que cet exemple et cette lecture ne décident plus d'un jeune homme, unissant la générosité des sentiments aux lumières de l'esprit, à préférer la vie rurale, telle que vous l'avez considérée, à toute autre carrière. Suivre vos *Conseils à vos petits-enfants*, dans ces temps malheureux, c'est un acte de progrès et de patriotisme ; certes, toute ambition louable peut être satisfaite en réfléchissant que la *carrière agricole* peut mettre en évidence l'*esprit progressif* et l'*esprit conservateur pour ce qui est bon*, et l'*esprit de synthèse*, qui coordonne chacun des éléments séparés par l'analyse et dont *la valeur a été préalablement rigoureusement définie par la comptabilité.*

En matière de science et d'intérêt, on parle plus des qualités de l'esprit que de celles du cœur ; mais est-ce un motif pour les passer sous silence quand des actes publics les mettent en évidence? Loin de le penser, je saisis une occasion trop belle pour la manquer, en ne disant pas quelques mots encore sur le *fondateur de l'œuvre de Dampierre.* Comment ne pas parler de son courage, lorsque lui-même, sur une faible barque, expose sa vie dans une inondation de la Loire pour sauver ceux dont il dirige les travaux ! Comment taire l'œuvre morale de Dampierre, en ne parlant pas de maisons saines construites pour eux, d'écoles pour l'enfance et la jeunesse, d'hospices pour ceux qui souffrent et les vieillards ! Eh ! messieurs, comment ne pas montrer l'homme qui calcule si bien, couronnant son œuvre en satisfaisant aux sentiments religieux de tous ceux qui vivent sur le territoire de Dampierre !

Les paroles que je viens de prononcer, monsieur et cher Confrère, sur les services rendus par vous à l'agriculture ne sont point exagérées ; mais, franchement, je n'aurais point osé les dire, si elles n'étaient pas l'écho des juges les plus compétents de votre œuvre ; et, parmi eux, je me borne à citer notre confrère M. Lecouteux, à la plume élégante duquel nous devons le récit d'une *Visite à Dampierre,* et les membres d'une Commission de la Société, MM. Dailly, Barral, Clavé, Heuzé et Chatin, chargés d'examiner l'œuvre agricole de M. de Béhague. Le Rapport, si détaillé et si précis, de M. Barral, restera pour témoigner combien la Société a eu raison, dans l'intérêt des pays où l'agriculture est en honneur, de charger une commission, prise dans son sein, de consacrer, par un acte public, une œuvre qui compte bientôt un demi-siècle de durée ; ce Rapport sera, je l'espère, un exemple d'instruction autant qu'un acte de justice rendu à M. de Béhague.

Faisons des vœux, cher Confrère, pour que les *Conseils d'un grand-père à ses petits-enfants* se réalisent, et qu'un jour nos successeurs décernent à l'un d'eux un témoignage d'estime profonde semblable à celui que nous adressons aujourd'hui à l'aïeul.

Sensible depuis longtemps à la bienveillance dont la Société m'honore, je serais heureux, monsieur et cher Confrère, qu'elle trouvât que l'organe chargé par elle d'exprimer ses sentiments d'estime pour vos travaux et pour votre personne n'a point été un infidèle interprète. Eh ! certes, cher Confrère, elle ne désavouera pas mes dernières paroles ; c'est que, si la Société disposait d'un bâton de maréchal de France pour l'agriculture, en ce moment même vous le recevriez de la main de son président !

TABLEAU DE L'INTELLIGENCE HUMAINE

CONSIDÉRÉE SELON M. E. CHEVREUL

D'APRÈS L'ESPRIT PROGRESSIF, L'ESPRIT CONSERVATEUR, L'ESPRIT DE ROUTINE ET L'ESPRIT DE REC

DE L'INTELLIGENCE AU POINT DE VUE DE L'ACTIVITÉ.	QUATRE SORTES D'ESPRIT.	LEURS ATTRIBUTS OU CARACTÈRES.	
Activité de l'esprit d'innovation en bien.	Esprit progressif.	De découverte / D'invention } le maximum GÉNIE	scientifique. / littéraire. / artistique.
	Esprit conservateur (éclectique).	Réduit les faits complexes par l'*analyse mentale*	*a.* En faits moins complex conserver. / *b.* En faits moins complex modifier. / *c.* En faits moins complex rejeter.
Inactivité de l'esprit.	Esprit de routine.	Conserve indistinctement ce qui est	Bien ou mal.
Activité de l'esprit d'innovation en mal.	Esprit de recul.	*a.* Rejette ce qui est bien dans ce qui est conservé. / *b.* Produit ce qui est mal.	

(*) Extrait de l'ouvrage qui paraîtra dans le XXXIXe volume des *Mémoires de l'Académie des Sciences*, sous le titre *Étude des procédés de l'esp* la recherche de l'inconnu à l'aide de l'observation et de l'expérience, et du moyen de savoir s'il a trouvé l'erreur ou la vérité, par M. E. CHEVREUL.

L'OEUVRE AGRICOLE

DE

M. DE BÉHAGUE

I

PRÉAMBULE

Messieurs,

Dans votre séance du 22 juillet dernier, à la suite de la lecture d'une lettre par laquelle M. de Béhague exprimait ses vifs regrets d'être retenu sur son domaine de Dampierre par une douloureuse maladie et de ne pouvoir prendre part à vos travaux, vous avez décidé, sur la proposition de notre illustre président, qu'une délégation, composée de MM. CHATIN, CLAVÉ, DAILLY, HEUZÉ et de votre SECRÉTAIRE PERPÉTUEL, se rendrait auprès de notre Confrère.

Le but de M. Chevreul était de témoigner à M. de Béhague toutes les sympathies de notre Compagnie, en même temps que de trouver une occasion de rendre hommage à l'œuvre presque demi-séculaire à laquelle cet éminent agriculteur a consacré une longue vie de travail et de dévouement.

La Société a, en outre, voulu faire connaître au monde agricole et donner en exemple, par un Rapport exceptionnel, une entreprise de culture couronnée par un succès incontesté.

Je viens remplir la mission difficile que nos Confrères, mes compagnons de voyage, ont bien voulu me confier[1].

---

[1] Ce Rapport a été présenté dans la séance du 5 du mois d'août 1874; les quatre premiers chapitres ont seuls alors été lus; les autres ont été analysés verbalement, mais ils n'ont été écrits qu'après deux nouvelles visites du Rapporteur, faites en septembre et en octobre. — Un plan annexé au Rapport permettra de suivre aisément tous les détails de l'exploitation.

II

Le domaine exploité par M. de Béhague est situé sur les communes de Dampierre, Ouzouer-sur-Loire, Nevoy et Gien (Loiret) ; il est, pour la plus grande partie, placé entre la Loire qui le borde au sud, et la forêt d'Orléans qui le limite au nord. Le château est à une petite distance de la station d'Ouzouer-Dampierre, sur le chemin de fer d'Orléans à Gien ; la route nationale de Briare à Angers traverse la terre de Dampierre.

Nous sommes partis de Paris le jeudi 30 juillet, à neuf heures du matin, pour nous rendre à Ouzouer. Lorsque nous étions parvenus à environ 5 kilomètres de la station, un coussinet de la locomotive s'étant cassé, le train s'arrêta. Nous dûmes descendre de wagon et faire à pied, sur la voie ferrée, 5 kilomètres, avant d'atteindre un passage à niveau et une route ; nous ne relaterions pas cette circonstance si elle ne nous avait donné l'occasion de bien voir le sol et le sous-sol de la contrée, et de constater à quelle mauvaise nature de terre M. de Béhague a eu affaire, et combien est grand son mérite d'y avoir créé le domaine que nous allons décrire à grands traits. C'est presque partout un sable grossier plus ou moins aggloméré par un ciment argileux, dépourvu de calcaire, plus fin vers la Loire, plus gros dans les parties hautes; sable d'une épaisseur assez variable, souvent mêlé de cailloux, et reposant sur un poudingue peu perméable, avec quelques couches argileuses par places assez rares.

Enfin, arrivés à quatre heures à la gare d'Ouzouer-Dampierre, nous trouvions les voitures de M. de Béhague, et quelques minutes après nous étions rendus au château qu'a fait construire notre Confrère.

M. de Béhague était debout, ayant retrouvé des forces et presque de la santé pour recevoir vos délégués et leur dire combien la décision de la Société lui causait de joie; toutefois il était triste de ne pouvoir marcher et d'être réduit à ne nous accompagner qu'en voiture, en laissant à d'autres, à un cousin, M. le baron de Montrichard, jeune officier d'état-major démissionnaire pour s'adonner à la culture; à un ami, M. Tiersonnier, éleveur célèbre de la Nièvre, bien connu de la Société; à ses chefs de culture, le soin de nous suivre dans nos visites à pied. Il ajouta que nous avions beaucoup à voir, car son domaine ne compte guère moins de 2,000 hectares, dont 1,485 forment les fermes de Dampierre, du Val et du Chenoy, et les plantations qui y sont annexées, et dont 440 constituent le Bois-Béhague, grande création forestière située à 10 kilomètres environ du château.

Nous nous sommes mis immédiatement en marche. D'abord nous avons vu les écuries, les étables et les bergeries de la ferme de Dampierre; puis, étant montés en voiture, nous nous sommes rendus, avec M. de Béha-

.gue, sur les terres de la ferme du Val, jusqu'à un déchargeoir construit pour empêcher les dévastations cau-
sées par les inondations de la Loire.

Nous ne sommes rentrés qu'à sept heures et demie,
après avoir vu en détail un matériel agricole très-
perfectionné et très-complet, remisé avec soin et tenu
en bon état sous divers hangars ; des fosses à fumier
bien soignées ; un fossé préparé pour servir à la fabrication d'une grande masse de composts ; un troupeau
d'agneaux southdown-berrichons à l'engraissement, un
troupeau d'élevage de southdowns purs, un troupeau
d'animaux de l'espèce bovine de la race charolaise, les
bœufs et les chevaux de travail ; une féculerie, une
scierie, de magnifiques plantations de Pins, de nombreux champs de Maïs à divers âges et dont quelques-
uns sont en coupe réglée pour la nourriture verte des
animaux, tandis que d'autres sortent à peine de terre ;
un beau champ de Lupin jaune, de remarquables Betteraves, plusieurs champs de Sarrasin en fleur.

La moisson des Blés et des Seigles est enlevée depuis
quatre à cinq jours ; nous voyons de nombreuses meules,
mais déjà une partie de la récolte , vendue dans de
bonnes conditions, se bat chaque jour pour être livrée
aux acheteurs. De vastes champs n'ayant plus que le
chaume s'offrent donc à nos regards jusqu'aux lointains
horizons que bornent les bois ; mais la charrue les retourne déjà pour aérer la terre et préparer les prochai-
nes semailles. Le cultivateur, ici, ne se repose nulle
part. Sur les terres de notre Confrère il y a une activité
doublée, en quelque sorte, dans chacun des agents, du
contentement de son sort. C'est que l'ouvrier rural y
possède un foyer heureux. Le propriétaire a su s'atta-
cher de nombreuses familles ; il a construit pour elles
des maisons d'ouvriers que nous apercevons çà et là

dans la plaine. Nous rencontrons un vieux serviteur qui est sur le domaine depuis 1827, c'est-à-dire à peu près depuis que M. de Béhague en a fait l'acquisition, et, on peut dire, la création.

Dès cinq heures du matin, le lendemain, nous sommes de nouveau sur pied ; nous visitons un magnifique potager, le parc, les écuries de maître ; nous voyons un bon étalon pour le service des juments du pays, et bientôt nous partons à pied, avec le chef des cultures de la ferme du Chenoy, pour parcourir les terres de cette ferme et les plantations voisines. Dans cette course à travers les bois et les prés, nous visitons les bords de deux vastes étangs, des prairies irriguées, une tuilerie, un champ de genêts semés pour les moutons. Nous avons l'occasion de comparer d'autres cultures du pays à celles de notre Confrère. Nous jetons avec désolation les yeux sur les terres du domaine de Lajouanne, dont il a été naguère question dans notre Société, parce qu'on avait prétendu y créer de toutes pièces des prairies permanentes dans du sable, sans irrigation ; le propriétaire, hélas ! n'en tire aujourd'hui qu'un loyer de 5 fr. par hectare. Cela nous donne l'image de ce qu'était le domaine de M. de Béhague lorsqu'il l'acheta en 1826 ; nous pouvons reconnaître que notre Confrère a sextuplé pour certaines parties, décuplé pour les autres, la rente et la valeur du sol.

Après avoir fait à pied environ 12 kilomètres, nous rentrons à neuf heures pour repartir à dix avec notre Confrère, qui nous conduit en voiture à sa création du Bois-Béhague. Là nous mettons pied à terre. Nous voyons un charmant chalet, des maisons d'ouvriers ; puis, avec un garde pour guide, nous entreprenons de parcourir les bois, sans nous effrayer d'une nouvelle marche de près de trois heures, tant nous sommes intéressés par à l'étude qu'il nous est donné de faire. Nous visitons une nouvelle tuilerie, et nous nous rendons compte du mode d'exploitation adopté par le propriétaire et le créateur d'une œuvre dont il se dit justement fier.

Nous retrouvons M. de Béhague vers une heure et demie, et nous visitons avec lui une belle chapelle qu'il vient de faire construire pour la population qui habite maintenant la terre désolée que naguère on nommait de ce nom significatif *Mocquegueule*, parce qu'on ne pouvait presque rien y récolter. L'administration et le voisinage, pour rendre hommage à notre Confrère, qui fut longtemps membre de l'assemblée départementale, ont décidé d'appeler Bois-Béhague ce petit pays régénéré. Il ne s'y trouvait naguère que quatre habitants qui y souffraient de la faim; on en compte maintenant quarante-huit, bien logés et gagnant facilement leur vie.

Pendant toutes ces visites je n'avais cessé de prendre des notes sur toutes les questions que soulève une si grande exploitation rurale et forestière. De leur côté, nos Confrères en avaient fait autant pour pouvoir me rectifier au besoin et surtout pour m'aider dans l'appréciation de l'œuvre forestière qui ne m'est pas aussi familière que l'œuvre purement agricole. Au moment de nous séparer à Bois-Béhague, ils m'ont chargé de voir les parties du domaine que nous n'avions pu parcourir ensemble, d'examiner la comptabilité tenue avec grand soin à Dampierre, et de compléter mes notes auprès de M. de Béhague lui-même. C'est cette mission que j'ai remplie avant de rentrer à Paris pour commencer à rédiger ce Compte rendu.

Je n'ai achevé mon travail que plus tard, après de nouvelles visites à Dampierre. Quoi qu'il en soit, en composant, pour les diverses parties de l'exploitation, les chapitres qui suivent, j'ai insisté surtout sur les

choses que nos Confrères ont jugées les plus dignes
d'être signalées, quoique, à vrai dire, tout soit, à Dampierre, intéressant pour un agronome, car rien n'est
plus instructif que de voir comment une terre réputée
presque stérile à l'origine se transforme sous la main
et la volonté d'un homme sagace et persévérant que la
lutte contre les revers agricoles ne décourage jamais et
qui finit par triompher. Il est utile de montrer qu'un
propriétaire peut, en administrant son bien, l'agrandir,
accroître sa fortune, et en même temps rendre à son
pays d'importants services.

III

PROGRÈS SUCCESSIFS ET ÉTAT ACTUEL DU DOMAINE
DE DAMPIERRE

Lorsque, en 1826, à l'âge de 23 ans seulement, M. de Béhague entreprit l'amélioration du domaine qu'il voulait exploiter, ce domaine présentait une contenance de 576 hectares pour la terre de Dampierre, et de 555 pour les terres qui forment maintenant Bois-Béhague, soit en tout 1,031 hectares; il l'avait acquis pour le prix de 638,000 fr.; si l'on ajoute 60,901 fr. 70 c. de frais et charges d'adjudication, c'était une dépense totale de 698,901 fr. 70 c. L'hectare fut payé, en moyenne, 1,045 fr. pour Dampierre, et 82 fr. pour Bois-Béhague. Le chiffre de 1,045 francs s'explique parfaitement par la valeur des superficies qui étaient boisées et par la grande quantité de futaies qui ont été exploitées depuis l'acquisition. Le domaine entier était divisé en vingt petites fermes ou *manœuvreries*, qui étaient louées ensemble 11,500 fr. La rente était donc de 1.6 pour 100 du capital; le revenu était de 11 fr. 15 c. par hectare.

M. de Béhague a concouru, en 1861, pour la prime

d'honneur du Loiret, et il a été proclamé lauréat de ce grand concours ; tout le monde a approuvé le verdict du jury qui lui a décerné la coupe d'honneur. A cette époque, il a remis au jury un Mémoire détaillé, que nous avons eu sous les yeux ; il en résulte que, par suite d'acquisitions diverses, le domaine comprenait alors 1,892 hectares, ayant coûté, tous ensemble, 1,215,501 francs (non compris le château, mais avec les améliorations effectuées), soit 635 francs l'un dans l'autre ; le revenu, d'après une moyenne de trois ans, était de 53,000 francs, soit 4.41 p. 100 du capital, ou bien 28 francs par hectare.

Depuis cette époque, M. de Béhague a encore fait de nouvelles acquisitions, en vue, particulièrement, de faire disparaître quelques enclaves et de rendre le domaine en quelque sorte tout à fait compacte ; d'un autre côté, il a donné à son fils divers bois dépendant de la forêt d'Orléans, et il en a vendu ou échangé quelques autres.

Au moment de notre visite, le domaine de Dampierre se décompose ainsi qu'il suit ;

TERRES ARABLES. Ferme de Dampierre. . . 163 hect.			
— Ferme du Val. . . . . . . 198 —		471 hect.	
— Ferme du Chenoy. . . . . 110 —			
PRÉS.			90
BOIS. Anciens bois. . . . . 262 —			
— Plantations faites par M. de Béhague. 822 —		1,084	
ÉTANGS.			152
PARC.			52
ALLÉES, VERGERS, jardins et emplacements de maisons d'ouvriers.			76
Superficie totale. . . . . 1,925 hect.			

D'après l'examen que nous avons fait des comptes de culture, le produit annuel n'est pas, maintenant, inférieur à 80,000 francs ; il est donc de 41 à 42 francs par hectare, en y comprenant les bois et les étangs. De

11 francs, le revenu par hectare de l'année 1826 est passé à 28 francs, en 1861, pour monter à plus de 41 francs en 1874.

Nous l'avons dit précédemment, les terres du pays, non plantées ni améliorées, sont à peine louées aujourd'hui à 5 francs l'hectare. Le rapprochement de ces chiffres est assez éloquent pour qu'il soit inutile d'insister sur l'importance du résultat obtenu ; nous avons voulu les donner, parce qu'ils sont appuyés, comme on le verra plus loin, sur une comptabilité qui ne laisse pas de prise aux illusions, et afin de fixer tout de suite l'opinion sur la prospérité de l'œuvre dont vous avez décidé que la description devait figurer dans nos annales. Pour rester dans la stricte vérité, il convient d'ajouter qu'au milieu des terres de qualité tout à fait inférieure, auxquelles M. de Béhague dut s'attaquer, il s'en est rencontré quelques-unes ayant une composition assez riche pour qu'il ait pu, après les avoir mises en bon état de culture, leur faire porter, dès le début, des racines et des prairies artificielles. Telles ont été plusieurs des terres d'alluvion du Val, d'une fertilité bien autrement puissante que les terres moyennes du pays. Mais il était nécessaire qu'on prît grand soin, d'une part, de faire sortir des soles cultivées les terres de qualité inférieure et en quelque sorte rebelles aux améliorations ; d'autre part, de porter rapidement à l'état de production, par des drainages, des marnages, des chaulages, des défoncements, des labours profonds, toutes les terres susceptibles de profiter des travaux accomplis. M. de Béhague, enfin, a trouvé, dans les étangs du domaine et dans les marais qui en dépendaient, une grande masse de litières et de vases qui lui ont servi à accroître, d'année en année, la fertilité des terres qu'il a conservées en champs cultivés.

IV

AMÉLIORATIONS FORESTIÈRES

« La culture forestière a été pour moi le point de départ et le moyen, » dit M. de Béhague dans le petit volume de *Considérations sur la vie rurale*, qu'il a dédié à ses petits-enfants. C'est à ses travaux forestiers qu'il attribue une grande partie des succès de son œuvre agricole. Aussi l'attention des délégués de la Société s'est-elle tout particulièrement portée sur les plantations faites par notre Confrère. Ils ont, tous ensemble, parcouru avec le plus vif intérêt à peu près la moitié de ces plantations ; après le départ de ses collègues, votre rapporteur a vu ensuite l'autre moitié en compagnie de M. de Béhague, et il a dû consacrer deux journées entières à compléter, sur ce point, ses premières études.

La partie forestière du domaine se compose : 1º de 262 hectares d'anciens bois, auxquels il faut joindre 52 hectares du parc ; 2º de 822 hectares de plantations nouvelles, tant en essences feuillues qu'en essences résineuses ; soit, en tout, de 1,136 hectares. Les Pins occupent environ les trois quarts de la superficie boisée. De larges et profondes allées carrossables découpent cette étendue en massifs admirables. La vue s'y perd au loin pour chercher le ciel à l'horizon. Quand les regards s'élèvent pour apercevoir le zénith, ils mesurent des voûtes qui accusent, par leur hauteur, l'action lente du temps organisant, avec les sucs sortis de la terre et les molécules atmosphériques, ces arbres de toutes les tailles, dont beaucoup sont déjà des géants. On comprend, sous ces vastes ombrages, que M. de Béhague ait pu légitimement s'écrier : « Je ne puis, mes chers enfants, me défendre d'un certain orgueil à la vue de ces Pins, là où naguère on n'apercevait que Bruyères et Genêts. »

Notre Confrère, M. Clavé, si compétent en silviculture, nous a remis, sur la partie des bois que nous avons visitée en commun, la Note suivante, que nous croyons devoir reproduire intégralement, parce qu'elle peint en termes excellents les impressions d'un forestier :

« M. de Béhague, fidèle à son principe de tirer de son domaine les plus grands bénéfices possibles avec le moins de frais, s'est empressé d'appliquer le système des périodes, imaginé par M. Royer. Il n'a mis en culture que les parties qui pouvaient être cultivées avec avantage ; il a abandonné au parcours celles qui eussent exigé trop de frais, il a reboisé les moins bonnes. Il a créé ainsi, aux environs du château, sans compter le parc, plus de 800 hectares de bois feuillus ou résineux qui entrecoupent les cultures et donnent des produits considérables. Les parties feuillues sont peuplées de Chênes, Bouleaux et Châtaigniers, mélangés dans des proportions très-variables ; c'est ce qui a empêché M. de Béhague de les soumettre à un aménagement régulier. Il les coupe, quand il les juge arrivés à maturité, à un

2.

âge qui varie de 12 à 25 ans, suivant la nature du sol et des essences; il s'y rencontre, principalement dans le parc, quelques belles réserves. Les parties résineuses, qui sont d'ailleurs souvent entremêlées avec les feuillues, sont composées de Pins silvestres et de Pins maritimes, tantôt à l'état pur, tantôt mélangés; ils ont été semés à la volée sur écobuage, après défrichement, sans autres frais, et souvent même sur simple brûlis.

« La plus importante des créations forestières de M. de Béhague est le bois qui porte son nom; il est situé à 10 kilomètres environ du château; il forme une masse de 440 hectares d'un seul tenant. Ce bois, semé de 1826 à 1834, était, dans l'origine, peuplé en majorité, de résineux; mais, peu à peu, les Pins ayant été éclaircis, il s'est formé un sous-bois de Chênes qui, dans certaines parties, s'est entièrement substitué à l'essence primitive. Cette substitution est favorisée par la nécessité où l'on se trouve d'exploiter les Pins maritimes dépérissant, et, par conséquent, de découvrir le sol avant le moment de l'exploitabilité normale. Cette essence est, en effet, sujette à une maladie appelée, dans le pays, *maladie ronde,* parce que, quand elle attaque un pied, elle s'étend tout autour, de proche en proche, jusqu'à ce qu'on soit parvenu à isoler le foyer; le Comité central agricole de la Sologne a proposé un prix pour la recherche de la cause de cette maladie et des moyens de la guérir ou de la prévenir.

« Pour ces motifs et pour d'autres encore, il semble que le Pin sylvestre doit être propagé de préférence au maritime, car, s'il pousse moins vite dans sa jeunesse, il rattrape bientôt celui-ci; il vit plus longtemps, est bien plus vigoureux et a une valeur plus considérable.

« Le *Bois-Béhague* est divisé, par des allées parallèles, en carrés de 2 hectares ou 2 hectares 50 ares, qui en facilitent la vidange et l'exploitation. Ces allées ont été semées lors de la création et ont servi de pépinière.

« M. de Béhague exploite lui-même ses bois ; il fait façonner sur les coupes les bois de feu, les bois à charbon, les falourdes, les bourrées, les cotrets écorcés pour la boulangerie ; il fait scier sur place, au moyen d'une scierie mobile, tous les Pins, dont il tire des planches, des lattes, des voliges, etc. Ces divers produits sont vendus ensuite en bloc, soit à des marchands de Gien, soit à des marchands de Paris. Les bourrées de Pins servent à alimenter des fabriques de drains et de briques, auxquelles elles sont comptées à raison de 5 francs le cent, prises sur place, et qui donnent elles-mêmes un certain bénéfice. Le stère de taillis, pris en forêt, se paye environ 9 francs, et celui de Pin 8 francs ; de ce prix, il faut déduire la façon, qui est de 1 franc 25 centimes.

« Ainsi que nous l'avons dit, M. de Béhague n'a soumis ses forêts à aucun aménagement régulier, ni établi aucun calcul de possibilité, soit par volume, soit par contenance ; il s'est seulement dit qu'elles devaient lui rapporter, par année, un revenu déterminé de 40,000 francs. Lorsqu'il en coupe moins, il considère la forêt comme débitrice de la différence ; quand il en prend davantage, il inscrit le surplus à son propre débit. Quelque peu régulier que soit ce mode de procéder, qui ne permet pas de connaître la situation exacte, il est certain que M. de Béhague exploite moins que ses forêts ne produisent et que le capital sur pied va tous les ans en s'accroissant. Aujourd'hui, les forêts qu'il a créées sur un sol qui, parfois, n'a coûté que 50 francs l'hectare, valent une somme considérable. C'est un service immense rendu au pays et un bel exemple pour ceux qui, ayant d'autres soucis que la satisfaction de leurs passions, tiennent à laisser, après eux, avec un nom honoré, des traces de leur passage ici-bas. »

Après cet aperçu général, il sera intéressant d'entrer dans quelques détails sur la manière dont M. de Béhague a procédé pour exécuter ses plantations et obtenir les bois en plein rapport, qui font aujourd'hui la beauté et la richesse de son domaine. Nous nous occuperons d'abord, et surtout, de Bois-Béhague.

Lors de l'acquisition du domaine de Dampierre, en 1826, ce qui forme aujourd'hui Bois-Béhague était occupé par les trois fermes du Tranchoir, de Bois-d'Amblay et de Mocquegueule. Ces fermes, avec leurs dépendances et cheptel, avaient une contenance totale de 555 hectares ; elles étaient formées de terres, prés, étangs, bruyères, friches, pâtures, plus ou moins boisés; elles étaient comprises, dans l'achat, pour la somme de 84,266 francs, plus la partie afférente dans les frais d'adjudication, montant à environ 10 p. 100 de la valeur, soit 8,426 francs. Le tout avait donc coûté 92,692 francs, soit 167 francs par hectare. Les terres en culture étaient épuisées ; il s'y trouvait les trois étangs de la Frande-Brosse, de Bois-d'Amblay et de Bois-Martin. Les fermes étaient louées en argent, mais les fermiers payaient mal leurs faibles fermages ; ils étaient obérés. Le taux du fermage du domaine du Tranchoir était de 1,104 francs ; celui de Bois-d'Amblay, 633 francs 50 ; celui de Mocquegueule, 748 francs. Les trois ensemble rapportaient donc au propriétaire 2,485 francs 50, soit 4 francs 50 environ par hectare.

Sérieusement préoccupé de l'état pauvre et misérable de ces trois fermes, M. de Béhague, imbu des doctrines de notre ancien Confrère Royer sur la nécessité d'approprier le mode d'exploitation de toute terre à sa nature, résolut d'en soumettre au système forestier la plus

grande partie, en suivant les exemples que lui donnaient
des agriculteurs voisins, qui ont aussi appartenu à notre
Compagnie : M. Vilmorin, sur la terre des Barres, et
M. le baron de Morogues, sur celle de la Source, près
d'Orléans ; il résolut encore de se défaire de quelques
portions cultivables, pour lesquelles il trouvait des acheteurs. Dès 1827, il faisait résilier les baux des trois fermiers, et il vendait les cheptels de Mocquegueule et de
Bois-d'Amblay. Tout Mocquegueule fut défriché, écobué,
puis planté et semé en essences résineuses ; une partie
de Bois-d'Amblay fut vendue, notamment l'étang et les
prés. Quelques années plus tard, M. de Béhague se défit
aussi d'une partie du Tranchoir. Mocquegueule et les
parties conservées de Bois-d'Amblay et du Tranchoir
forment maintenant Bois-Béhague, d'une contenance de
440 hectares : toutes les friches ont été plantées ; les
bois dits de la *Glandée*, qui servaient de pâture, ont été
reconstitués, et présentent aujourd'hui un assez bon
taillis.

M. de Béhague estime qu'à l'exemple de beaucoup de
propriétaires de la Sologne, il a eu trop recours, pour
ses semis, aux Pins maritimes ou de Bordeaux ; sur les
terrains glaiseux, froids, humides, dit-il, le Pin sylvestre
ou de Riga, ou encore de Haguenau, donne de meilleurs
résultats. Le Pin maritime, pour prendre un beau développement, exige un terrain léger, sec, profond. Le Pin
sylvestre prospère plus facilement dans les terrains en-
vahis par les Bruyères que le Pin maritime, dont l'écorce
s'en trouve attaquée. Il y a, à Mocquegueule, des réus-
sites parfaites de plantations de Pins sylvestres, faites
sans aucune façon préalable du terrain, simplement à
la pioche. Un ouvrier peut placer 600 plants dans sa
journée ; à 10,000 plants par hectare, il faut 15 journées
et demie d'ouvriers à 1 franc 50, soit 23 francs 50. Le

plant tiré des pépinières établies par M. de Béhague ne revient qu'à 1 franc le mille ; la dépense totale n'est donc que de 33 à 35 francs par hectare. Actuellement, pour faire ses remplacements, notre Confrère obtient des Pins des pépinières nationales des Barres.

Dans plusieurs parties, les Pins ont été exploités à 25 ou 30 ans ; ils ont été remplacés par de superbes taillis, venus presque naturellement sous les couverts ; il a suffi, pour accomplir cette métamorphose, des plantations de Bouleaux, faites sur les bords des fossés d'assainissement, et de quelques glands plantés dans les endroits où les semis naturels faisaient défaut. Ces terrains, autrefois couverts de Bruyères, sont tellement appropriés à la venue des arbres, que, chaque année, M. de Béhague doit employer un grand nombre de journées d'ouvriers à arracher les plants qui poussent dans les allées.

M. de Béhague peut être content de l'œuvre qu'il a exécutée ; elle a donné de beaux résultats, tant au point de vue forestier qu'au point de vue financier.

Sur le premier point, il suffit de regarder pour être convaincu. Les plantations en Pins sylvestres, en Pins maritimes, en Bouleaux, en Chênes, ont toutes une grande valeur.

Sur le second point, nous donnerons quelques chiffres d'une éloquence déterminante.

Les parties boisées à neuf, à Bois-Béhague, ont une contenance de 336 hectares ; les bois reconstitués occupent 59 hectares ; il y a 30 hectares pour les allées et 15 hectares sont en terres et en prés. Si des 92,692 francs d'acquisition on défalque les chiffres des ventes successives, se montant à 57,513 francs, il reste une somme de 35,179 francs, à laquelle il faut ajouter 87,000 francs pour frais d'améliorations de toute nature, défrichements, assainissements, plantations ou semis, constructions pour les logements d'ouvriers, établissement d'une tuilerie, qui permet un écoulement facile des nombreuses bourrées produites par l'exploitation, et enfin pour les intérêts de toutes ces dépenses pendant les douze premières années. Il résulte de là que les 440 hectares, actuellement améliorés et plantés, sont revenus à la somme de 122,179 francs, c'est-à-dire à 277 francs par hectare en moyenne. Or le produit n'est pas inférieur à 30 francs par hectare et par an. Quelles améliorations agricoles ont jamais donné, relativement, de plus brillants résultats ?

La réussite complète de la transformation de Bois-Béhague a engagé notre Confrère à appliquer les mêmes principes sur les deux exploitations de la Plaine et des Mardelets, dépendant de la terre de Dampierre. A la Plaine, qui contenait 58 hectares et était louée 555 fr., les impôts à sa charge, il a vendu le cheptel, une partie des bâtiments et les prés éloignés ; il lui reste 50 hectares qu'il a mis en bois feuillus, aujourd'hui d'une superbe venue, et valant de 18 à 20 fr. la feuille ; il a fait une tuilerie du reste des bâtiments. Aux Mardelets, il a planté toutes les terres. Il a agi de la même manière sur les divers points du domaine, en détachant, pour les planter, toutes les parties qui ne pouvaient être avantageusement cultivées, avant de distribuer les autres dans les trois fermes qui forment maintenant son exploitation agricole, et que nous allons étudier dans la suite de ce Rapport.

Pour l'administration et la surveillance de ses bois, M. de Béhague a quatre gardes : un à Bois-Béhague et trois à Dampierre. Chacun de ces trois derniers est, en même temps, l'un garde-pêche, le second garde-vente, et le troisième planteur et directeur des travaux. Quant

au garde de Bois-Béhague, il sert pour toutes les opérations à faire : surveillance générale, replantation,
direction des travaux ; c'est un serviteur précieux pour
notre Confrère, qui se loue beaucoup de son zèle et de
son dévouement [1]. Les gardes sont logés, chauffés, et
reçoivent leur costume de garde ; leurs appointements
annuels sont de 800 à 1,200 fr.

[1] Ce garde, nommé Ludovic Sisse, né le 16 mars 1840, est entré
à l'âge de 15 ans (1855) au service de M. de Béhague comme valet
de ferme. En 1861, il en est sorti pour entrer au régiment, mais
pendant un congé temporaire, il est revenu à Dampierre comme
garçon jardinier et planteur, de 1865 à 1867. Il se maria lors de sa
libération définitive du service militaire ; il est revenu chez notre
Confrère en 1868 en qualité de garde forestier de Bois-Béhague.
Là il s'est signalé pour les soins qu'il donne à la surveillance et à
la conservation des bois ; il a fait des pépinières par des semis exécutés avec beaucoup d'intelligence, et il procède à tous les repeu-
plements de la manière la plus remarquable, d'après notre Confrère, qui peut se décharger sur lui d'un grand nombre de soins
importants, sans lesquels il n'y a pas de succès certain. C'est un
de ces gardes dont nos programmes de prix ont entendu récompen-
ser les services, parce que c'est de leur concours dévoué que dé-
pendent les succès de toutes les plantations nouvelles. — Dans la
séance publique annuelle du 15 décembre 1874, la Société a décerné une médaille d'argent au garde de Bois-Béhague, pour le
zèle qu'il a constamment montré à soigner les plantations qui lui
étaient confiées.

V

ADMINISTRATION DE L'EXPLOITATION AGRICOLE

Les cultures de Dampierre sont divisées, comme on l'a vu plus haut, en trois corps de fermes, savoir : près du château, au Val et au Chenoy. M. de Béhague a voulu ne concentrer sous sa main que les services généraux, et avoir, près des terres éloignées du centre où il se tient et d'où il gouverne, des foyers d'action pour les travaux culturaux et pour la rentrée des récoltes.

A la ferme du château ou de Dampierre, se trouvent un chef de culture, un comptable, un garde-magasin, des bouviers et charretiers ; ils sont nourris et logés, s'ils sont garçons ; les agents mariés vivent dans leurs ménages et reçoivent, outre leurs gages, des indemnités basées sur le prix de la nourriture. Cette nourriture ne revient à M. de Béhague qu'à 90 centimes, par tête et par jour; dans les années ordinaires, à 1 fr. 10 cent.; dans les années de cherté, non compris, toutefois, le prix du combustible pour la cuisson, et celui des gros légumes fournis par les cultures diverses, ou des

3

menus légumes donnés par le potager. Chaque di-
manche, les ouvriers mangent de la viande de boucherie, généralement du bœuf au pot-au-feu. La boisson
ordinaire est le cidre ; on a du vin pendant les travaux
de la moisson.

Tous les produits du domaine sont concentrés au
magasin, d'où sortent les livraisons de toute nature qui
doivent être faites pour les fermes du dehors. Là aussi
les ouvriers de l'exploitation trouvent à se procurer,
aux prix du commerce en gros, les divers objets nécessaires à l'entretien des familles rurales, épiceries,
éclairage, savon, etc.

Dans les fermes du Val et du Chenoy résident deux
chefs de culture ; ceux-ci sont respectivement entrepre-
neurs de la nourriture des ouvriers qu'ils emploient ;
ils ont des gages annuels de 500 à 1,000 fr., selon leur
mérite et la durée de leurs services. Ils reçoivent, en
outre, chacun 12 hectolitres de méteil, et ils ont la
faculté d'entretenir des vaches en nombre suffisant pour
les besoins de la ferme. Les vaches sont nourries sur le
domaine, mais chaque chef de culture paye, par tête et
par mois, une somme de 5 fr. ; ils ont à leur charge
toutes les dépenses de chaque vacherie, mais ils ont, en
revanche, tous les produits, veaux, beurre et fromage,
sauf le petit-lait qui doit être consommé dans les porcheries. Les porcs élevés sur chaque ferme leur appartiennent par moitié ; ils doivent l'autre moitié à la ferme
de Dampierre.

M. de Béhague alloue à chacun des deux chefs de
culture, pour indemnité de logement et de nourriture
des employés, 9 fr. et 60 litres de méteil, par tête et
par mois ; les sons de la mouture du méteil reviennent
aux porcheries. Il a trouvé à cet arrangement le grand
avantage de simplifier la surveillance, d'empêcher les

fraudes qui se font toujours dans une administration ayant un personnel trop nombreux, d'encourager enfin les cultures fourragères et les cultures de racines ; les chefs de ferme y trouvent aussi leur compte dans l'entretien des vaches dont ils ont le lait, mais qui donnent du fumier et concourent à la fertilisation du domaine.

Presque tous les employés de notre Confrère sont depuis longtemps chez lui ; ils lui sont affectionnés, parce qu'ils sentent qu'il les aime. Partout les agriculteurs se plaignent de la difficulté de se procurer de la main-d'œuvre ; il a rencontré les mêmes difficultés pour avoir des journaliers, et, à Dampierre, ces difficultés étaient peut-être plus grandes que dans d'autres contrées.

« Un déplorable usage dans le pays, dit-il dans ses *Considérations sur la vie rurale*, est pratiqué par les ouvriers ruraux ; ils ont la funeste habitude de changer de maîtres deux fois l'an. La cause de cette inconstance doit être, en partie, attribuée à la trop grande quantité de louées (espèce de foires où les gens de la campagne louent leurs services) qui existent dans le pays. Elle peut aussi être motivée par la répugnance qu'ont les cultivateurs à conserver les ouvriers mariés. Cette habitude fâcheuse est funeste aux maîtres comme aux employés ; elle éloigne le maître de l'usage des instruments nouveaux et le force à recommencer incessamment des éducations nouvelles ; elle s'oppose, chez l'employé, à toute espèce d'attachement pour le domaine, et d'intérêt pour ses travaux ; elle lui fait abandonner la ferme pour se faire journalier, bûcheron, etc., ou, ce qui même devient une calamité, lui fait quitter les champs pour les travaux des villes ; là se trouve certainement une des causes de la dépopulation des campagnes dont on se plaint si justement. Pour obvier à ce déplorable

état de choses, il a été bâti de petites maisons contenant un ou deux ménages avec jardin, données à bas
prix aux ouvriers, ce qui, d'une part, leur permet de
s'établir sans changer d'état ; puis encore on les attache
à la terre, qui trouve en eux des praticiens exercés. »

Nous avons visité plusieurs des maisons d'ouvriers
ruraux de M. de Béhague ; elles sont, en ce moment, au
nombre de quarante-neuf, savoir : trente-huit, dissé-
minées çà et là dans la plaine, sur les trois fermes de
Dampierre, du Val et du Chenoy ; et, en outre, onze
groupées non loin de la chapelle et du chalet de Bois-
Béhague. Elles se composent de deux pièces d'habitation
et d'une décharge pour chaque famille ; le jardin a
2 ares environ. Elles ressemblent beaucoup aux cottages
d'ouvriers que l'on rencontre sur les fermes anglaises ;
elles deviennent un type pour le pays où elles sont
imitées, de telle sorte que les maisons en torchis et en
chaume disparaissent. Chacune coûte de 2,400 à
2,600 fr. pour deux familles ; ce prix est très-peu élevé,
parce que M. de Béhague ne compte pas les matériaux
au taux du commerce, mais seulement au prix de revient pour lui-même, sur ses chantiers pour ses bois,
dans ses tuileries, dans ses carrières pour les matériaux
de construction. Il loue ces maisons aux familles d'ouvriers ruraux à raison de 50 fr. par an ; au bout de
chaque période de cinq ans, il diminue 10 fr. sur le
loyer ; aussi plusieurs familles sont déjà logées gratui-
tement. Néanmoins une grande liberté leur est laissée ;
elles ne sont pas astreintes à travailler à Dampierre,
mais elles sont certaines d'y trouver de l'occupation,
des salaires sûrs : pour les hommes de 2 fr. 50 à 3 fr.
par jour, pendant la moisson ; de 1 fr. 75 à 2 fr. 25 au
printemps et à l'automne ; de 1 fr. 50 pendant l'hiver ;
les femmes gagnent 1 fr. 25 à 1 fr. 75 pendant la

moisson, 1 fr. à 1 fr. 25 pendant le printemps et l'automne, 80 cent. l'hiver. Toutes ces familles d'ouvriers ruraux sont attachées au domaine, à son chef ; plusieurs ont des épargnes. C'est là le plus grand triomphe de l'administrateur d'une grande entreprise agricole, c'est aussi sa plus belle récompense.

VI

LA COMPTABILITÉ

« Le propriétaire intelligent, a écrit notre confrère dans ses *Considérations sur la vie rurale*, ne doit pas seulement faire de l'agriculture avec de l'argent ; il doit connaître l'art, beaucoup plus difficile, de faire de l'argent avec l'agriculture. » Et il a ajouté avec Royer, au grand sens agricole duquel il se plaît toujours à rendre hommage, « il n'est pas de bonne agriculture avec une mauvaise administration, ni de bonne administration avec une mauvaise comptabilité... A l'agriculteur sur la voie de la ruine, il faut dire : comptez ; à celui qui veut gagner, comptez bien ; à celui qui veut gagner beaucoup, comptez très-bien. »

Mais comment établir la comptabilité? Par la partie double, répond notre confrère, car la partie simple ne permet pas de contrôle, et, par conséquent, ne saurait conduire à rectifier les erreurs. Mais la partie double, elle-même, doit être faite avec discernement, sans complications inutiles, et surtout sans artifices destinés

souvent à caresser de fatales illusions. M. de Béhague a
tenu à pouvoir toujours connaître sa situation réelle, à
savoir la valeur de ses opérations, et il a trouvé, après
une étude approfondie, que la comptabilité en partie
double pouvait seule répondre à ses désirs. Il a pensé
que ce qui importait, avant tout, ce n'était pas d'estimer
toutes choses en valeur argent, mais qu'il fallait que les
livres donnassent les moyens de tout calculer. La comptabilité nature a donc chez notre confrère la première
place ; on ne traduit en argent que ce qui se vend et
s'achète, que ce qui passe réellement par la caisse.
Ainsi ni le fumier ni la paille ne viennent charger les
comptes, et l'on ne suppute, en aucune manière, l'engrais que peut laisser une récolte pour la récolte
suivante ; l'enrichissement de la terre n'est donc pas
regardé comme un bénéfice. De même, tout ce qui est
consommé par le bétail ne saurait être regardé comme
produisant un bénéfice quelconque. Le propriétaire
ne veut de bénéfices que ce qui se résume par de
l'argent sonnant en excédant. Les terres, comme
nous avons vu que cela est fait pour la partie forestière
du domaine (chap. IV), sont chargées d'une rente
(17,000 fr.) qui est portée au compte des *profits et
pertes ;* cette somme représente le prix qu'il se demande
à lui-même en se considérant comme son propre fer-
mier, tant pour le capital d'achat que pour les avances
en amélioration ; il n'y a de bénéfice acquis que s'il y a
excédant de recettes, après que cette rente est payée.
Dans ce dernier cas, M. de Béhague doit à ses terres ;
elles lui doivent, au contraire, si son compte de caisse
ne lui donne pas un excédant.

Quoiqu'un compte argent ne soit pas calculé pour
l'inventaire, en ce qui concerne chaque opération, il est
toujours facile, avec la comptabilité-matière, d'avoir

des renseignements positifs sur tous les résultats obtenus ; ce sont de simples calculs qu'on peut effectuer à tout moment et pour telle période que l'on désire.

C'est ainsi que la comptabilité a pu montrer :

Que le travail par les chevaux est plus cher à Dampierre que le travail par les bœufs, et que, par conséquent, il faut, partout où cela est possible, substituer des attelages de bœufs à ceux des chevaux, et réduire ces derniers au nombre strictement nécessaire ;

Que le mouton mérinos producteur de laine, tel qu'il était exploité à Dampierre, est moins avantageux que le mouton southdown-berrichon producteur de viande ; que le premier ne donne que des pertes, tandis que le second fournit des bénéfices ;

Que l'élevage des bêtes ovines est, sur le domaine de Dampierre, plus fructueux que l'élevage des bêtes bovines, et que, par conséquent, il faut augmenter le premier et restreindre le second.

Avec les livres de la comptabilité de Dampierre, on peut, ou plutôt (nous allons dire pourquoi) on pouvait naguère et on pourra plus tard résoudre tous les problèmes de l'agronomie dans les circonstances spéciales où notre confrère cultive. Toutefois il n'a pas jugé à propos d'ouvrir des comptes particuliers à ses divers champs, de telle sorte que, dans les rendements annuels, on n'a que des ensembles qui ne permettent pas de se prononcer sur le degré d'influence de telle ou telle nature de terre.

Nous venons de faire une réserve sur le parti à tirer de la comptabilité établie à Dampierre à partir de 1840, et cependant continuée sans interruption jusqu'à ce jour. C'est que, hélas ! les Prussiens, pendant l'invasion de 1870-1871, sont venus occuper le domaine.

Il y avait, parmi eux, des chefs qui se sont donnés comme des agriculteurs. Ils ont trouvé qu'il était de leur utilité personnelle de lacérer les livres et d'en emporter des pages pour leur servir de modèle ! Les comptes de plusieurs années ont ainsi disparu ou ont été laissés incomplets. La chaîne des temps a été rompue, et nous ne pourrons pas, dans la rédaction de ce Rapport, présenter des résumés, faire des comparaisons pour de longues périodes avec des chiffres positifs remontant dans le passé. Les barbares ont passé par là, se souciant peu (quoiqu'ils se prétendent savants) de la science agronomique contenue dans des livres de comptabilité bien tenus.

VII

LES BATIMENTS ET LES CONSTRUCTIONS

Nous avons signalé les maisons d'ouvriers ruraux construites par M. de Béhague sur un excellent plan et d'une manière à la fois très-économique, sans exclusion de quelque confortable. A son arrivée dans le pays, la plupart des habitations étaient faites en torchis ; elles n'avaient pour sol que la terre nue ; elles étaient basses et humides, pas éclairées, telles, hélas ! qu'on les trouve encore aujourd'hui dans une grande partie de la Sologne. Il a rebâti presque toutes les maisons ; ses tuileries ont permis de les carreler ; une carrière qu'il a trouvée dans son domaine et qu'il a ouverte a fourni le moyen de faire des constructions en pierres. Aussi, depuis quarante ans, non-seulement le village de Dampierre, mais tous les environs se métamorphosent, et des habitations nouvelles, bâties sur un plan conforme aux lois de l'hygiène, de la bienséance et d'une civilisation respectant la pudeur et la morale, s'élèvent en grand nombre.

Lorsqu'il a commencé l'amélioration de son domaine, notre Confrère n'avait trouvé que des bâtiments d'exploitation insuffisants. Il a dû en établir d'autres, mais il s'est appliqué à le faire aux moindres frais possible, sachant parfaitement que le capital immobilisé en constructions est un capital improductif. Tout est donc construit avec simplicité au moyen de matériaux exclusivement pris, à la seule exception des clous, sur le domaine : les moellons viennent de la carrière dont nous venons de parler ; la chaux est fabriquée dans le four qu'il a monté à Gien ; les bois proviennent de ses forêts et sont débités par sa scierie locomobile ; les briques et les tuiles sont fournies par ses deux tuileries.

Une grande partie de la ferme de Dampierre est de construction nouvelle. Tous les bâtiments où étaient naguère les haras, et qui sont occupés, aujourd'hui, par des troupeaux de bêtes charolaises et de moutons southdowns, ont été créés ; il en est de même pour les logements des maîtres-valets, maîtres-vachers et bergers; il en est de même encore pour un hangar à fourrages et un silo à racines. Les bâtiments des deux fermes du Val et du Chenoy ont aussi été reconstruits. Les anciennes granges qui existaient sur le domaine ont été transformées en bergeries. Les nouvelles granges ne sont que des hangars reposant sur des fondations et des soubassements en maçonnerie ; elles sont bardées en planches avec couvre-joints. Deux grandes granges ont été ainsi construites en des endroits convenables pour mettre les récoltes de la ferme du Val hors de l'atteinte des inondations de la Loire. Le bois est justement la principale matière employée, surtout pour les hangars qui sont fermés afin de constituer de véritables abris.

Des meules sont employées pour les gerbes, les pailles et les foins, lorsque les récoltes doivent être con-

servées assez longtemps pour qu'il soit économique de
les emmagasiner ainsi. Les meules à foin appartiennent
au système anglais ; le foin y est découpé au moyen du
couteau ordinairement employé dans les fermes de la

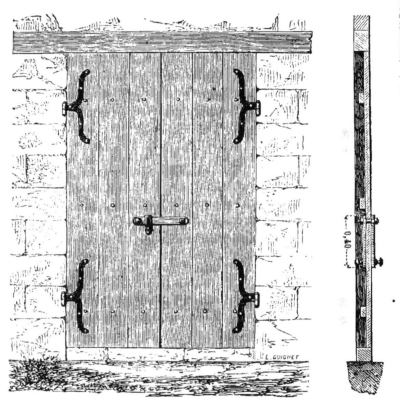

Fig. 1. — Vue de face du verrou de M. de Béhague
placé dans sa gâche.

Fig. 2. — Vue de profil du verrou tombant librement.

Grande-Bretagne pour faire des tranches verticales dans
les meules. C'est un excellent système pour la consommation intérieure des fermes ; il a l'inconvénient de
ne pas bien se prêter au mode de bottelage usité en
France pour le commerce.

Les planches et toutes les charpentes mises en œuvre n'ont reçu que le dégrossissement strictement nécessaire. Notre Confrère les fait enduire, de temps à autre, d'une couche d'huile lourde de goudron qu'il achète près des compagnies de gaz, et qui exerce une action conservatrice très-efficace. Les toitures sont couvertes en tuiles assez légères provenant de ses fabriques. Nous avons remarqué des systèmes de verrous pour toutes les fermetures qui sont très-simples et méritent d'être propagés. Les figures 1 et 2 en font comprendre le mécanisme ; ils se manœuvrent par un bouton, aussi bien du dehors que du dedans ; pour cela, ils sont doubles, et les deux parties sont soulevées et retombent en même temps, soit dans la double gâche, s'il s'agit de fermer, soit librement s'il s'agit d'ouvrir. Les verrous peuvent aussi bien être faits en bois qu'en fer. Toutes les ferrures des toitures, et, en général, toutes les parties des constructions sont exécutées avec la même simplicité et la même économie.

VIII

LE CHEPTEL VIVANT

Le cheptel vivant, tel qu'il se trouvait sur le domaine de M. de Béhague, au moment de la visite de votre délégation, correspondait à l'équivalent de plus de 400 têtes de gros bétail, comme on va le voir. Une première manière de dénombrer accuse un chiffre moindre, ainsi qu'il suit :

	TÊTES DE GROS BÉTAIL
Chevaux.	9
16 paires de bœufs de travail.	32
Vacherie charolaise à Dampierre.	38
Vaches laitières.	20
Troupeau southdown, 54 mères, 29 agneaux, 17 béliers.	8
Brebis berrichonnes, 1320.	132
Agneaux soutdowns-berrichons, 960.	96
Espèce porcine : 6 truies, 2 verrats, 19 porcelets, 6 porcs à l'engrais.	7
Basse-cour.	1
TOTAL.	343

Pour rapporter à l'étendue totale des terres arables donnée dans le chapitre III, nous devons remarquer ici qu'il y a 41 hectares en diverses locatures, et qu'il ne reste, pour les cultures propres de M. de Béhague, que 60 hectares : il en résulte qu'il s'y trouve huit dixièmes de tête de gros bétail par hectare. C'est évidemment considérable pour des terres généralement de si petite fertilité initiale, et pour l'ensemble d'un domaine où les prés naturels n'ont qu'une étendue de 90 hectares.

Nous avons dressé le tableau précédent du cheptel vivant de M. de Béhague, en traduisant le tout en têtes de gros bétail, selon la méthode ordinairement employée et consistant à compter dix moutons, cinq porcs, trois veaux pour une tête de gros bétail ; cette méthode ne donne qu'une évaluation très-grossière. Il est plus précis, plus scientifique, et préférable de tout traduire en poids et de s'appuyer sur des pesées directes ; c'est ce que nous avons établi en pesant un certain nombre d'animaux de chaque catégorie :

DÉSIGNATIONS	NOMBRES	POIDS MOYENS PAR TÊTE	POIDS TOTAUX
		Kilogr.	Kilogr.
Chevaux de trait.	5	550	2,750
Chevaux d'élevage demi-sang. .	4	580	2,000
Bœufs de trait.	32	700	22,400
Vaches charolaises (taureau compris).	19	500	9,500
Bouvillons et génisses de la même race, âgés de 12 à 20 mois.	12	380	4,560
Veaux de la même race, de 2 à 8 mois.	19	200	3,800
Vaches laitières à Dampierre. .	2	450	900
Vaches appartenant aux chefs de culture du Val et du Chenoy.	18	400	7,200
Brebis berrichonnes.	1,320	29	38,280
A REPORTER.			91,390

DÉSIGNATIONS	NOMBRES	POIDS MOYENS PAR TÊTE	POIDS TOTAUX
			Kilogr.
REPORT.			91.390
Béliers southdowns.	17	75	1,275
Brebis southdowns.	34	50	1,700
Agneaux southdowns de 6 à 8 mois.	29	36	1,044
Agneaux southdowns-berrichons âgés de 8 mois.	960	28	26,880
Six truies et deux verrats. . . .	8	100	800
Six porcs à l'engrais	6	60	360
Dix-neuf porcelets.	19	30	570
Volailles.	200	1.5	300
Total du poids du cheptel vivant. . . .			124,319

En divisant le poids total par 430, on obtient un poids
de 289 kilogrammes par hectare cultivé, ce qui est un
chiffre très-remarquable. Le poids total (124,319 kilogrammes) correspond à 414 têtes de bétail, pesant 300
kilogrammes chacune : on a donc véritablement 96 centièmes de tête de gros bétail par hectare. Pour apprécier le degré de fertilité auquel le domaine a été amené
par notre Confrère, au point de vue de la production
du fumier, il faut ajouter qu'il a six chevaux dans son
écurie pour le service du château.

Mais il faut noter ici que le bétail entretenu n'est pas
absolument la mesure de l'état de progrès d'une exploitation agricole ; ce progrès est également fonction de la
nature du sol. Un bétail deux fois plus nombreux sur
les riches terres de la Limagne d'Auvergne, par exemple,
prouverait beaucoup moins que la production animale
constatée à Dampierre.

L'importance du rôle joué par le bétail du domaine
de M. de Béhague dans l'amélioration des races, non-
seulement de la contrée, mais de la France entière, est
rendue manifeste par le grand nombre de prix qu'il a
obtenus dans les concours régionaux, nationaux et uni-

versels. Ainsi, de 1847 à 1874, il a remporté, pour les espèces bovine et ovine, 59 médailles d'or, 60 médailles d'argent, 55 médailles de bronze ; deux coupes d'argent, pour les bœufs gras, en 1848 et 1852, et une coupe d'argent pour les vaches de boucherie en 1865, ces trois coupes prix d'honneur des concours de Poissy ; enfin un prix d'honneur à l'Exposition universelle de 1867.

IX

LES CHEVAUX

Notre Confrère a eu, à Dampierre, un haras de chevaux de pur sang, une écurie d'entrainement, un terrain d'exercices. La raison en était, nous dit-il dans ses *Considérations sur la vie rurale*, que Dampierre, étant placé dans la circonscription du Midi, pouvait profiter des priviléges accordés aux produits nés dans cette région, en même temps que jouir, par suite de sa proximité de la capitale, des étalons de premier mérite du dépôt de Paris. Les régions ayant été supprimées, le haras de Dampierre n'avait plus de raison d'être ; il a été liquidé sans perte. Il a compté un grand nombre de vainqueurs sur les hippodromes ; il a gagné l'*Omnium* à Paris. Un de ses élèves, qui avait aussi couru avec distinction, a été acheté par le gouvernement comme étalon.

Dans les bâtiments très-simples qui avaient abrité le haras sont logés, aujourd'hui, deux troupeaux d'élevage pour l'espèce bovine et pour l'espèce ovine. Dans les paddocks sont maintenus en liberté durant le jour, et aussi longtemps que les frimas le permettent, les brebis et les agneaux du troupeau southdown.

M. de Béhague ne fait plus aujourd'hui l'élevage que sur une petite échelle, avec les descendants de ses premiers purs sang. Son étalon, *Arc-en-ciel*, est approuvé par l'administration des haras, qui lui donne 800 francs de prime par an ; le prix de la saillie est de 15 francs. Une de ses juments, *Carline*, a remporté plusieurs prix dans diverses courses et a joui d'une véritable célébrité. Il possède six chevaux de maître pour l'usage du château ; un des attelages est remarquable. Cinq chevaux seulement sont employés aux travaux des fermes, notre Confrère estimant que l'on doit faire faire, le plus souvent, les labours par des bœufs, et mettant chez lui le précepte en action.

Nous nous souvenons tous de l'excellente Note qu'il nous a lue, en 1858, sur les résultats comparatifs qu'on peut obtenir des attelages de bœufs et des attelages de chevaux. Avec l'esprit de sagesse qui le distingue, il n'a pas conclu à l'emploi *exclusif* du bœuf ou à celui du cheval, mais il a montré l'avantage qui résulte de l'emploi de ces deux moteurs animés concurremment sur la même exploitation, en préférant le cheval pour les transports éloignés et pour certains travaux demandant plus de vitesse, ou encore pour le manége quand il s'agit de mettre en mouvement de petits instruments ; en préférant le bœuf dans tous les autres cas. L'appréciation est affaire de calcul. A Dampierre, d'après la comptabilité de M. de Béhague pour 1873, l'heure de travail d'un attelage de deux chevaux travaillant dix heures a coûté 0^f.415, et l'heure d'un attelage de quatre bœufs travaillant également dix heures, mais se relayant au besoin, de telle sorte que chaque paire ne laboure que durant cinq heures, 0^f.231 ; la différence est de 0^f.184. Les chiffres varient d'une année à l'autre ; en 1858, ils étaient respectivement de 0^f.559 et 0^f.574 ; la différence était de 0ᶠ.168. Plus l'écart est grand, plus il faut tendre à diminuer, dans une ferme, les attelages de chevaux. En 1858. M. de Béhague avait dix-sept chevaux de service et de labour ; il n'en a plus, nous venons de le dire, que cinq en 1874.

X

LES BŒUFS DE TRAVAIL

Notre Confrère avait résolu, dès la prise de possession du domaine, de demander ses bœufs de labour aux races plus particulièrement aptes au travail et élevées dans des conditions de rusticité et de bon marché qu'il ne pensait pas pouvoir réaliser dans une exploitation où il voulait essayer d'associer les cultures les plus avancées avec les races de bétail les plus perfectionnées. Il prit d'abord des bœufs d'Aubrac et des bœufs des contrées les plus voisines de Dampierre; l'expérience lui démontra qu'il devait préférer ceux de la race limousine. Cette race lui a donné de bons résultats. Cependant il pense qu'il en obtiendra maintenant de meilleurs encore en ayant recours à la race charolaise, à la condition de produire lui-même les bœufs dont il se servira pour ses attelages. La raison qui l'a déterminé à prendre cette résolution est le prix de plus en plus élevé des bœufs de trait: la paire de bœufs qui, naguère, ne coûtait que 600 francs, ne peut souvent être achetée aujourd'hui que moyennant 1,500 francs. Dans ces circonstances, l'élevage des animaux de travail devient productif. C'est pour ces raisons qu'il a introduit, en 1871, dans les bâtiments de son ancien haras, un troupeau de vingt-sept vaches et d'un taureau qu'il a acheté dans le Charolais. M. de Béhague pense que l'avantage sur la race limousine sera d'avoir des animaux plus faciles à mettre en état de complet engraissement pour la boucherie. Au moment de notre visite, le troupeau charolais se composait de dix-huit vaches, d'un taureau, de douze bouvillons et génisses de 12 à 20 mois et de dix-neuf veaux de 2 à 8 mois.

« La préférence, dit M. de Béhague dans ces *Considérations sur la vie rurale*, que l'on doit donner au bœuf sur le cheval dans le travail de la charrue, est plus grande aujourd'hui que l'emploi des charrues Fondeur (double-brabant), et autres analogues, permet à un seul charretier de parfaitement labourer avec un attelage de quatre bœufs en atteignant, à volonté, une profondeur de 25 à 55 centimètres et plus, sans surcroît de dépense d'homme. Un seul charretier suffit même, au besoin, avec trois paires de bœufs. Ne voit-on pas souvent trois énormes chevaux, grands consommateurs d'Avoine, attelés à une charrue, faire péniblement un labour qui serait exécuté facilement par quatre bœufs et à un prix moindre souvent de moitié? » Puis notre Confrère, que l'esprit de routine se refusant à raisonner a toujours révolté, s'écrie : « Mais l'usage est de faire ainsi ! le père le faisait, le fils fait comme le père, sans se rendre compte des changements survenus dans l'économie générale du pays, comme de la valeur relative des choses modifiées par le vaste mouvement industriel auquel l'agriculteur doit se soumettre en faisant varier ses procédés et ses produits, selon la situation qui lui est faite ! »

En agriculture, comme en toutes choses de la vie pratique, la méthode expérimentale *a posteriori*, selon l'expression si justement répétée souvent dans nos discussions par notre illustre président M. Chevreul, doit intervenir pour tout esprit sagace, afin de conformer les actes aux faits extérieurs, selon les circonstances du milieu où chacun de nous s'agite.

XI

L'ANCIEN TROUPEAU DURHAM DE DAMPIERRE

En ce qui concerne l'entretien d'un troupeau d'élevage du pur sang de Durham, M. de Béhague a encore manifestement montré qu'il savait mettre sa conduite d'accord avec les préceptes qu'il professe. Il avait trouvé, à Dampierre, des bêtes bovines sans nom et sans race, répandues dans la forêt d'Orléans et les environs; or il soutient, après l'avoir maintes fois constaté par l'observation et par l'expérience, qu'il est absolument indispensable, pour faire de l'élevage dans un but déterminé, c'est-à-dire pour obtenir à coup sûr des produits jouissant des qualités qu'on se propose d'obtenir, d'avoir recours à des reproducteurs d'origine connue, certaine. Il distingue deux sortes d'origines : 1° l'origine de production, produit de deux sujets purs de la même race ; 2° l'origine de service ou d'aptitudes, produit de deux sujets purs de races différentes ou d'un sujet pur et d'un animal croisé. Pour les troupeaux d'élevage, M. de Béhague n'admet pas qu'on puisse avoir recours à d'autres ascendants que ceux de la première classe. Au contraire, l'emploi de reproducteurs de la deuxième classe donnera des résultats plus avantageux, si l'on ne cherche, dans les produits, que de la viande, du travail, du lait, de la laine, etc. A côté de l'origine. les ascendants doivent présenter des qualités, c'est-à-dire des aptitudes spéciales, dont la force et le pouvoir de résistance ont été éprouvés. Il a appliqué ces principes avec persévérance et sagacité à toutes ses spéculations commerciales. Ainsi, il a eu un troupeau d'animaux purs de la race courtes-cornes améliorée ou durham, tant qu'il a voulu faire des reproducteurs pour les races à viande.

La race pure de Durham, sortie de ses étables, a été souvent primée dans les concours publics de reproducteurs. Il en avait pris les ascendants en Angleterre parmi des animaux ayant, à la fois, origine et qualités, c'est-à-dire jouissant de la pureté de sang et des formes les plus parfaites. Au concours régional de Blois, en 1859, il a obtenu un 4e prix; à celui d'Auxerre, en 1859, un 5e prix pour les taureaux et un 2e pour les génisses. A l'Exposition universelle de 1856, une de ses génisses a remporté le 2e prix. Des premiers prix ont, en outre, été remportés, pour les mâles, à Orléans en 1861, à Bourges en 1862, à Nevers en 1865, et plusieurs prix ont été attribués aux vaches ou aux génisses, ou aux jeunes taureaux, dans ces mêmes concours, ou encore à Tours en 1864, à Châteauroux en 1866, à Blois en 1867, et à Orléans en 1868.

Les animaux de race durham pure obtenus par notre Confrère étaient livrés pour la reproduction, ou bien servaient, dans ses étables, à perpétuer la race et à faire des croisements destinés à la boucherie, principalement avec la race charolaise. De nombreux prix remportés

4

au concours de Poissy ont démontré qu'il avait complètement réussi, au point de vue de la fabrication de la
viande. Nous citerons, notamment, les deux coupes
d'honneur remportées pour des bœufs gras, l'une en
1847, l'autre en 1852, et la première coupe d'honneur
attribuée pour les vaches grasses en 1865.

Pour se rendre compte des résultats de son élevage,
pour en suivre les progrès et éclairer sa marche, M. de
Béhague a tenu, à partir de 1841, des registres où ont
été consignées les pesées mensuelles de chacun des
animaux existant dans ses étables. On peut, par ces registres, suivre jour par jour, en quelque sorte, le développement des animaux, étudier la marche de l'engraissement pour les bœufs destinés aux concours ou au
commerce, et trouver des renseignements sur les rendements aussi bien que sur les prix d'achat et de vente.
C'est ainsi que, avec notre ancien Confrère, M. Émile
Baudement, dont nous avons tous déploré la mort pré-
maturée, il a pu composer deux très-remarquables Mémoires sur les effets que peut amener l'emploi du sel
soit sur l'engraissement, soit sur la production du lait
dans l'espèce bovine.

Après une longue étude poursuivie jusqu'en 1866 sur
la race durham, et malgré les succès obtenus dans les
concours, M. de Béhague a fini par acquérir la certitude
que l'élevage de cette race à l'état pur et la production
d'animaux croisés de l'espèce bovine pour la boucherie
ne constituaient pas, sur le domaine de Dampierre, vu
les conditions de sol et de climat, des spéculations très-
avantageuses. La race durham étant, d'ailleurs, produite
avec succès dans beaucoup d'exploitations rurales, il
n'avait plus à se préoccuper de la propager. Il fit la li-
quidation de son étable durham dans une vente publique
au Tattersal, et il résolut d'avoir les vaches charolaises

dont nous avons déjà parlé (voir le chapitre X). En cela
notre Confrère a rendu un nouveau service, car il a
donné, une fois de plus, l'exemple d'un agriculteur qui
sait profiter des expériences acquises, et user de la méthode expérimentale *a posteriori* pour conformer sa conduite aux enseignements obtenus.

De l'ensemble de toutes les expériences faites par
M. de Béhague, il résulte que le régime, les formes et
la castration sont les principales causes qui influent sur
les aptitudes à l'engraissement. On peut résumer en ces
termes ses conclusions :

1º Pour faire avec profit un bœuf de boucherie, il faut
qu'il soit très-précoce, tout le bénéfice résidant dans la
rapidité de l'accroissement ; le résultat maximum dans
la race durham et ses croisements est obtenu à l'âge de
vingt à vingt-quatre mois ; les croisements ne donnent,
dans aucun cas, de bons reproducteurs, mais ils fournissent de bons produits pour la boucherie.

2º Le régime, pour donner l'effet maximum, doit être
abondant et varié ; la ration la plus favorable doit être,
dans le jeune âge, de 4 pour 100 du poids vif, tous les
aliments étant supposés ramenés à l'état de siccité, savoir: deux cinquièmes de racines (à l'état frais, un
poids quatre fois plus considérable), deux cinquièmes
de foin, un cinquième de farineux ; la Betterave donne
le meilleur résultat quand (supposée réduite au quart de
son poids réel) elle ne dépasse pas la moitié de la ration ; dans tous les cas, un régime abondant, composé
d'aliments très-nutritifs, est avantageux à l'éleveur en
même temps que favorable à la qualité du produit ; le
sel, donné régulièrement, est sans résultat utile pour
l'engraisseur.

3º Les formes caractéristiques des animaux de boucherie sont les suivantes : membres courts ; jarret des-

cendant ; tête petite, courte et légère ; encolure fine et
courte ; poitrine large et sans fanon ; épaule ouverte ;
thorax développé ; rein large ; côte relevée et fortement
arquée. — Ces formes sont essentielles non-seulement
dans le bœuf, mais encore dans le mouton et dans
le porc.

4° La castration, dans le très-jeune âge, est favorable
tant à la rapidité de l'engraissement qu'à la qualité de
la chair ; elle arrête le développement de la tête et du
cou ; elle rend les animaux plus doux ; elle avance la
maturité de la viande.

Tous les membres de notre Compagnie se souviennent
des opinions si souvent et si énergiquement motivées de
M. de Béhague sur la nécessité de supprimer toutes les
entraves et toutes les charges qui pèsent sur le commerce
de la viande pour que la production du bétail prenne,
en France, un développement en rapport avec les progrès dont notre agriculture est susceptible. L'obstacle
réel opposé à ces progrès se rencontre, d'après notre
Confrère, dans les lois, les règlements, les octrois, les
frais de toute sorte dont la viande a été et est encore
frappée. Selon sa manière de voir, très-ingénieuse, un
bétail nombreux, auquel on donne habituellement une
ration dans laquelle entrent des farineux, fournit le
moyen de réaliser les impossibles greniers d'abondance
rêvés par nos pères, car un bœuf (ou un mouton), con-
sommateur de grains dans les bonnes années, devient
lui-même un objet de consommation dans les années de
petites récoltes ; il livre alors à la consommation publique ce qu'il aurait consommé, en même temps qu'il y
ajoute son propre corps qui, lui aussi, est du pain, du
pain plus avantageux pour l'homme de travail que le
pain de Froment.

XII

LE TROUPEAU DE BREBIS BERRICHONNES

De même que pour l'espèce bovine, M. de Béhague a
procédé par la voie expérimentale, appliquée avec la
lenteur nécessaire pour avoir des résultats certains, en
ce qui concerne les troupeaux d'espèce ovine. Les circonstances commerciales devaient surtout être prises en
grande considération pour arrêter la détermination à
suivre.

Aux moutons solognots qui occupaient primitivement
le sol de son domaine, et qui sont, par eux-mêmes, de mé-
diocres animaux à tous les points de vue, il a substitué
d'abord des mérinos. Plus tard, l'avilissement du prix
des laines fines d'une part, et l'élévation de celui de la
viande, l'engagèrent à améliorer les produits de ses troupeaux dans le sens de la boucherie. Sur les conseils de
notre regretté confrère, M. Yvart, il tenta d'abord des
croisements entre solognots et dishleys, mais il n'en
obtint pas de bons résultats financiers. Il réussit mieux
avec le croisement southdown–berrichon, et il s'arrêta à

4.

sa production. Pour l'obtenir, il entretient, d'une part, des brebis berrichonnes ; d'autre part, il a un petit troupeau southdown pur pour la production des mâles. Les agneaux croisés obtenus sont engraissés pour être livrés à la boucherie. « La finesse de la chair des berrichonnes, dit-il dans ses *Considérations sur la vie rurale,* s'allie on ne peut mieux à celle des southdowns ; la rusticité de cette précieuse petite race en rend l'entretien facile, elle est sobre et se nourrit très-bien au râtelier ; sa conformation se prête parfaitement à ce croisement ; elle est basse sur pattes ; sa poitrine est développée ; elle est d'une garde facile ; sa laine est fine et de bonne qualité ; tout, enfin, lui a valu la préférence sur toutes les autres races essayées dans les croisements divers. »

M. de Béhague envoie à la boucherie tous les animaux mâles et femelles nés du croisement ; l'expérience lui a prouvé que les brebis croisées sont d'un entretien plus difficile que celui des brebis berrichonnes. Il ne conserve donc pas les femelles croisées et ne fait reproduire que des brebis berrichonnes ; il leur demande trois agneaux, et il les livre à la boucherie vers l'âge de six ans.

Le nombre des brebis berrichonnes entretenues sur les trois exploitations, en vue de l'engraissement des agneaux, est de douze à quinze cents. Ces brebis sont achetées, en général, aux foires de Lorris, de Gien et du Berri. L'ensemble des brebis berrichonnes forme quatre troupeaux placés sous la direction d'un berger différent ; chaque troupeau de mères parque tout l'été ; il y a, en outre, un troupeau de brebis de réforme ou d'engrais. Au moment de notre visite, on comptait douze cents brebis portières et cent vingt brebis de réforme. Ces brebis sont engraissées quand elles ont donné trois

agneaux, et elles sont vendues dans de bonnes conditions.

Les croisements southdown-berrichons de M. de Béhague ont obtenu des prix dans les concours régionaux
dans les catégories des croisements, notamment : à
Auxerre en 1859, à Orléans en 1861, à Nevers en 1865, à
Blois en 1867. En outre, le premier prix de bandes pour
les petites races françaises pures ou croisées entre elles
et le premier prix pour les croisements southdown-berrichons ont été remportés, en 1870 et en 1874, aux concours nationaux d'animaux gras du palais des Champs-
Élysées, à Paris.

XIII

LE TROUPEAU SOUTHDOWN PUR

C'est pour avoir constamment des mâles excellents, d'un prix relativement modéré et d'une origine certaine, que M. de Béhague entretient un petit troupeau d'élevage de la race pure de Southdown. Ce troupeau est, selon le régime usité en Angleterre, laissé en liberté dans des pâtures closes faites dans le parcours de l'ancien haras ; les béliers sont tenus dans des paddocks du même haras. Nous avons compté 34 brebis mères, 29 agneaux et 17 béliers lors de notre visite. Les produits mâles obtenus sont ou vendus comme reproducteurs ou employés pour les saillies des troupeaux de mères berrichonnes, comme on l'a vu dans le chapitre précédent. Dans les concours régionaux, des animaux de ce troupeau ont remporté, tant pour les mâles que pour les femelles, des prix qui affirment leurs qualités, savoir : à Nevers en 1856 et 1865 ; à Bourges, en 1855 et 1862 ; à Paris, en 1856 ; à Châteauroux, en 1857 et 1866 ; à Blois, en 1858 et 1867 ; à Auxerre, en 1859 ; à Orléans, en 1861 et 1868 ; à Tours, en 1864.

XIV

LES AGNEAUX DE BOUCHERIE

L'engraissement des agneaux southdown-berrichons et leur abatage dans la ferme même forment l'entreprise zootechnique la plus heureuse de M. de Béhague ; aussi croyons-nous intéressant de présenter, ici, le relevé pris sur les livres de la comptabilité des résultats d'une année 1873-1874, la septième qui vient de s'achever.

De novembre à mai, chaque année, M. de Béhague fait tuer, dans un petit abattoir établi dans les dépendances de sa ferme de Dampierre, de huit cents à neuf cents agneaux southdowns-berrichons, âgés de dix à onze mois. Les agneaux sont nourris à la crèche dans les bergeries de cette ferme, aussitôt après leur sevrage. Chaque semaine, pendant cette saison, les quatre quartiers sont expédiés à Paris, chez M. Piétrement, rue Montmartre. Cette viande a acquis une grande réputation et est payée un prix élevé, soit 2 fr. à 2 fr. 25 cent. le kilogramme, les frais de transport à la charge de l'acheteur. L'expédition se fait dans de grands paniers bien garnis de linges propres, au moyen du chemin de fer ; la viande partie le soir d'Ouzouer-Dampierre arrive le lendemain de grand matin à Paris.

Voici le compte que nous avons relevé dans les livres :

DÉPENSES.

	Fr.
256 agneaux fournis pour le troupeau des mères, à 14 fr. l'un.	3,584 00
612 agneaux fournis pour le troupeau des mères, à 11 fr. l'un.	8,568 00
Frais de nourriture.	15,834 21
Frais de journées d'ouvriers, gages, frais de tonte, toile d'expédition, paniers, frais de retour des paniers, etc.	2,572 68
TOTAL.	30,558 89

RECETTES.

		kilogr.	Fr.	
VIANDE. .	Nov. et déc.	3,450.0 à 2 fr. 10.	7,246 00	
	Janvier. . .	1,915.0 — .	4,023 00	Fr.
	Février. . .	1,597.1 — .	2,955 00	25,343 31
	Mars. . . .	3,850.4 — .	5,885 84	
	Avril. . . .	2,050.0 — .	4,306 47	
	Mai.	1,404.5 — .	2,949 00	
PEAUX. . .	540 à 3 fr. 25 l'une.	1,105 00		2,355 00
	500 à 2 fr. 50.	1,250 00		
LAINE. . . .	646 kilogr. à 2 fr. 05.			1,524 30
SUIF. . . .	175 kilogr. à 71 fr. les 100 kilogr.	124 25		
	608 — à 70 — .	425 60		
	99 — à 69 25 — .	68 55		780 25
	150 — à 68 — .	102 00		
	90 — à 66 50 — .	59 85		
TÊTES. . .	726 à 0 fr. 20.			145 20
PIEDS. . .	724 fois 4 pieds, à 5 cent. les 4.			36 20
FRESSURES. .	707 à 50 cent.			353 50
DIVERS. . .	104 kilogr. d'abats, à 75 cent. l'un.			78 00
	2 agneaux consommés à la ferme			40 00
	Prix de bande remporté au concours d'animaux de boucherie des Champs-Élysées, en février 1874.			400 00
	A REPORTER.			30,855 76

Report.	30,855 76
50 agneaux de concours ayant donné 745 kil. de viande, à 2 fr. 50, d'où à déduire 63 fr. 75 pour commission et frais. . . .	1,798 75
41 kil. 2 de viande de collet, à 70 cent. . .	28 84
De la Compagnie d'Orléans, pour restitution de paniers et de toiles d'emballage perdus.	23 50
Inventaire a réaliser. Matériel.	298 00
110 agneaux, à 14 fr.	1,540 00
Total.	34,544 85
A déduire les dépenses. .	30.558 89
Bénéfices.	3,985 96

En année ordinaire, le nombre des agneaux ainsi livrés à la boucherie est plus considérable; il s'élève de vingt à trente par semaine pendant sept mois.

On devra remarquer que le fumier et les engrais d'abatage sont comptés pour rien; les pailles, du reste, ne sont pas non plus payées par cette spéculation d'engraissement qui méritera d'être méditée par les agriculteurs. Pour l'imiter, on devra commencer par s'assurer un débouché analogue à celui que notre confrère a trouvé dans la clientèle de M. Piétrement.

XV

SUR LES SOINS HYGIÉNIQUES DONNÉS AUX TROUPEAUX

La renommée a fait connaître, depuis longtemps, que M. de Béhague est parvenu, par de bons soins hygiéniques, à épargner à ses troupeaux, à peu près complétement, les maladies qui sévissent si souvent sur les bêtes ovines. Il est donc utile d'insister sur cette question capitale pour les éleveurs, et plusieurs de nos confrères ont désiré que quelques explications fussent données à ce sujet.

Le sang de rate ne sévit pas dans la contrée, mais le climat porte les troupeaux à éprouver la cachexie aqueuse, vulgairement appelée la pourriture. Cette maladie est la seule qui ait quelquefois touché les troupeaux de Dampierre. Mais M. de Béhague affirme que l'on parvient toujours à éloigner le mal, si l'on soumet les animaux au régime curatif suivant, qui est souverain, quand le mal est dans ses premières périodes, mais réussit avec moins de sûreté quand la maladie est arrivée au point extrême, c'est-à-dire lorsqu'à la

décoloration de l'œil et des gencives se joint le ballon-
nement ou mieux l'œdème sous la mâchoire inférieure.
Toutefois ce résultat ne vient que de l'absence de soins
faciles à prendre, et il serait vraiment d'une négligence
inexcusable de laisser la maladie s'aggraver jusqu'à cette
période avancée.

Les jeunes moutons destinés à la boucherie sont, à
Dampierre, tenus et nourris en stabulation complète
depuis le moment de leur sevrage; ils sont très-facile-
ment surveillés et traités. Les mères parquent tout l'été,
mais elles sont ordinairement réformées quand elles ont
donné deux ou trois agneaux ; elles sont alors engraissées
pour être livrées à la boucherie, et on achève toujours
de les mettre en état par la stabulation.

Lorsqu'on soupçonne la moindre invasion de la cachexie aqueuse, on diminue le pâturage et même on le
supprime complétement ; on n'emploie plus que des
aliments riches et fortifiants ; en donne à boire de l'eau
ferrugineuse, et l'on a recours à un peu d'Avoine (50 à
100 grammes par tête), à du tourteau de Colza (100 à
150 grammes); chaque jour on administre, en outre, à
chaque bête, une cuillerée d'alcool abaissé à 50 ou
55 degrés. En été, le pâturage des Genêts est très-salu-
taire pour les troupeaux. Il est bon, en hiver, de
donner aux bêtes des émondages de Pins et des écorces
d'Osier, si l'on peut s'en procurer.

XVI

SUR L'EMPLOI DU SEL DANS L'ALIMENTATION DU BÉTAIL

Des expériences que M. de Béhague a faites en commun avec M. Baudement, et qui ont été publiées dans la collection de notre *Bulletin* (2ᵉ série, tome V, pages 465 et 767, année 1849-50), il résulte que le sel ordinaire employé dans le régime des animaux mis à l'engraissement ne produit aucun bon résultat ; il est alors plutôt nuisible qu'utile, puisqu'il a pour effet de prolonger la durée de l'opération, et cause ainsi une véritable perte pour l'agriculteur.

Il n'en est plus de même en ce qui concerne l'élevage et particulièrement celui des animaux d'espèce ovine ; le sel excite l'appétence des bêtes qu'on maintient dans les bergeries. Mais il ne convient pas de les forcer à en absorber par le mélange avec les aliments ; il est mieux de les laisser en prendre quand elles en éprouvent le besoin. Ainsi nous avons trouvé des pierres de sel attachées aux crèches dans les bergeries de Dampierre. M. de Béhague en achète trois à quatre tonnes par an ;

il le prend à Paris. Ce sel provient de Salins ; il coûte 20 centimes le kilogramme ; il donne lieu à une dépense annuelle de 700 à 800 fr. La consommation facultative par tête est, en moyenne, de 1,700 gr. par an, soit de 4 à 5 gr. par jour et par tête.

XVII

LES PORCHERIES ET LES BASSES-COURS

On a vu précédemment que les porcheries, sur le domaine de M. de Béhague, sont exclusivement l'affaire des maîtres-valets des deux fermes du Val et du Chenoy; mais ils ne font l'élevage du porc qu'à la condition de donner la moitié des produits au propriétaire. Ils peuvent entretenir chacun un verrat et quatre truies portières. Outre les cochons qu'on engraisse pour les besoins de l'exploitation, il est vendu annuellement quarante à cinquante porcelets à des prix divers, et on partage la recette par moitié. Au moment de notre visite, il y avait en tout, sur le domaine, deux verrats, six truies, six cochons à l'engrais, dix-neuf porcelets. Ce sont des animaux de la race commune du pays.

Les volailles ne sont aussi qu'un accessoire chez notre Confrère. La basse-cour de la ferme de Dampierre est destinée à fournir des volailles au château, qui les paye au prix du marché. Chaque maître-valet a, d'ailleurs, le droit d'entretenir douze poules. Il y a en plus, sur la

ferme du Val, un troupeau de soixante à quatre-vingts
dindons qui est également entretenu par le maître-valet,
mais à la condition de donner à M. de Béhague la moitié
des produits. Le nombre total des volailles, au moment
de notre visite, était de deux cents bêtes pour les trois
fermes du domaine.

XVIII

LE SOL ET LE SOUS-SOL

En général, le sol du domaine de Lampierre est argilo-siliceux ; c'est ainsi qu'il nous est apparu dès notre première visite (voir chap. II). Il est placé sur un sous-sol qui forme une sorte de tuf imperméable, souvent mélangé d'un poudingue formé de quartz empâté d'argile, d'une ténacité et d'une dureté considérables en quelques endroits. Toutefois, cette constitution est très-variable, surtout quand on approche des bords de la Loire. Mais le fait dominant est l'absence du calcaire. Aussi, lorsque M. de Béhague se mit à l'œuvre, ce sol ingrat se refusait à porter des Trèfles et des Luzernes ; il était soumis, pour la partie mise en culture, à l'assolement biennal, qui est encore suivi en Sologne, savoir : 1° céréales, en général du seigle ; 2° jachère, avec friches destinées à servir de parcours, plus ou moins prolongé, pour le bétail. C'était une de ces terres, en partie stériles, comme il en existe encore tout autour de lui, et comme on en compte malheureusement encore des milliers d'hectares en France. M. de Béhague, pour

mettre son domaine en valeur, avait ainsi un problème
extrêmement difficile à résoudre. Pour apprécier la solution qu'il a donnée, et qui a si bien réussi, et pour
que surtout on puisse la prendre comme exemple, nous
avons pensé qu'il serait utile d'examiner de plus près les
diverses sortes de terres. Nous avons donc fait prélever,
en notre présence, dans les trois fermes de Dampierre,
du Chenoy et du Val, des échantillons du sol, c'est-à-
dire sur l'épaisseur du premier fer de bêche, puis des
échantillons du sous-sol, à une profondeur de deux fers
de bêche ; nous avons pris aussi, d'une part, un échantillon du sable déposé par la Loire, et, d'autre part, un
échantillon du poudingue qu'on rencontre à des pro-
fondeurs variées, souvent en couches continues, mais
souvent aussi avec des interruptions. De tous ces échantillons, nous avons remis une partie à notre savant Confrère M. Delesse, qui a bien voulu se charger d'en faire
l'examen au point de vue géologique et minéralogique.

L'étude à laquelle M. Delesse s'est livré est consignée
dans la Note suivante, qu'il a bien voulu nous transmettre :

« Le sol de la propriété de M. de Béhague appartient
aux argiles et aux sables qui constituent la Sologne (terrain tertiaire moyen ou miocène). Le carbonate de
chaux y fait complétement défaut ; par conséquent, le
marnage ou l'introduction d'engrais contenant de la
chaux y est absolument nécessaire dans toutes les parties
qui ne sont pas réservées à la culture forestière.

« En soumettant le sol de Dampierre à la lévigation,
on reconnaît qu'il est argileux à la ferme du Chenoy et
dans la grande prairie du Val, tandis qu'il est sableux ou
graveleux à la Pointe-des-Crocs, au Moulin-à-Vent, à la
Gaulerie, à Fromentières, aux Sablons et surtout aux
Sables-du-Val, près de la Loire.

« Le sous-sol est formé par un poudingue à débris

quartzeux imparfaitement arrondis. On y distingue aussi quelques lamelles de feldspath. Du reste, ce poudingue est cimenté par une argile blanche et par de la limo-nite brune, qui y forme des veines irrégulières, et qui résulte certainement d'une infiltration postérieure au dépôt de la roche.

« Comme le poudingue de Dampierre est argileux et difficilement perméable aux eaux ainsi qu'aux racines, il doit nuire beaucoup à toutes les cultures.

« La lévigation des divers échantillons du sol et du sous-sol envoyés par M. de Béhague m'a donné un ré-sidu dont les proportions sont assez variables. Généra-lement ce résidu est un peu plus grand pour le sol que pour le sous-sol correspondant; cela tient vraisembla-blement à ce que l'argile du sol se trouve en partie en-traînée dans le sous-sol par les pluies et par les eaux atmosphériques.

« Lorsqu'on examine le résidu de la lévigation, on reconnaît qu'il est essentiellement composé de quartz hyalin, ayant ordinairement une couleur grisâtre ou jaunâtre. Il y a, en outre, du feldspath orthose, ainsi que des micas qui sont particulièrement abondants à la prairie du Val et au bord de la Loire. Ces micas sont tantôt blanc argenté, tantôt brun tombac. Le quartz, le feldspath et les micas proviennent visiblement de la trituration de roches granitiques qui ont, sans doute, été fournies par le Plateau central de la France.

« Le barreau aimanté indique la présence d'un peu de fer oxydulé magnétique; il y en a même notablement dans les dépôts sableux du Val de la Loire. Enfin, la limo-nite brune, manganésifère, empâte fréquemment des grains de sable et de gravier, et elle a formé des grès ferrugineux qu'on trouve dans le résidu de la lévigation.

« Voici, d'ailleurs, les résultats obtenus en soumet-

tant à la lévigation le sol et le sous-sol correspondant ;
ces résultats sont exprimés en centièmes :

	PRAIRIE DU VAL	FERME DU CHENOY	LA POINTE-DES-CROCS	MOULIN-A-VENT	LA GAULERIE	LES FROMENTIÈRES	LES SABLONS	LES SABLES-DU-VAL
Résidus pour 100.								
Sol. . . .	17	25	51	52	57	60	69	89
Sous-sol. .	16	23	60	54	53	55	66	»

« En résumé, si l'on a égard à la composition minéralogique du sol et du sous-sol, à Dampierre, on voit
que la terre végétale y manque surtout de chaux ; d'un
autre côté, elle est suffisamment pourvue de potasse qui
est fournie par la décomposition du feldspath et des
micas. Par cela même que les éléments de cette terre
végétale proviennent de la trituration de roches granitiques, elle est très-riche en silice, mais elle doit être
pauvre en acide phosphorique. Elle contient, d'ailleurs,
de la soude, de la magnésie, ainsi que des oxydes de
fer et de manganèse. »

La culture perfectionnée à laquelle M. de Béhague a
soumis la partie de son domaine qu'il a conservée en
terres arables a dû en modifier la composition chimique, depuis tantôt un demi-siècle qu'il y apporte des
matières fertilisantes, ainsi qu'on va le voir. Votre Rapporteur a cru, néanmoins, devoir placer ici les résultats
de quelques dosages chimiques à côté de ceux de la
géologie. Voici les dosages exécutés dans les échantillons dont partie avait été remise à M. Delesse :

5.

DÉSIGNATION DES TERRES	ANALYSE PHYSIQUE [1]		ANALYSE CHIMIQUE [2]			
	ARGILE POUR 100	SABLE POUR 100	AZOTE POUR 100	ACIDE PHOSPHORIQUE POUR 100	CHAUX POUR 100	POTASSE POUR 100
Ferme de Dampierre.						
Le Moulin-a-Vent. — Sol	48	52	0.117	0.0176	0.2515	0.042
—— Sous-sol	46	54	0.077	0.0119	0.1918	0.036
La Pointe-des-Crocs. — Sol	49	51	0.109	0.0060	0.6542	0.052
—— Sous-sol	40	60	0.108	0.0117	0.4096	0.058
La Grande-Gaulerie, n° 4. — Sol	45	57	0.099	0.0254	0.3158	0.028
—— Sous-sol	47	55	0.071	0.0116	0.2919	0.019
Les Fromentières. — Sol	40	60	0.065	0.0146	0.1882	0.055
—— Sous-sol	45	55	0.059	0.0556	0.1387	0.040
Les Sablons. — Sol	51	69	0.062	0.0174	0.1664	0.065
—— Sous-sol	54	66	0.044	0.0058	0.0959	0.090
Ferme du Val.						
Grande-Prairie. — Sol	85	17	0.141	0.0135	0.6470	0.048
—— Sous-sol	84	16	0.125	0.0151	0.1215	0.052
Sable ou limon déposé par la Loire	11	89	0.125	0.0175	0.5056	0.050
Ferme du Chenoy.						
Plaine du Gros-Chêne. — Sol	75	25	0.097	0.0065	0.0000	0.017
—— Sous-sol	77	23	0.065	0.0060	0.0000	0.015

[1] Résultats obtenus par M. Delesse.

[2] Résultats obtenus dans notre laboratoire avec le concours de notre préparateur, M. Bayard.

Les dosages se rapportent à la matière préalablement desséchée à 100 degrés. On a obtenu l'azote par la méthode de la chaux sodée. Pour les autres déterminations, les dosages se rapportent seulement aux matières solubles dans l'acide nitrique bouillant, et supposées, en conséquence, d'une assimilation plus ou moins rapide par les plantes. L'acide phosphorique a été dosé par l'emploi de l'urane; la chaux, par précipitation au moyen de l'oxalate d'ammoniaque et calcination; la potasse, par le chlorure de platine.

On remarquera certainement la richesse relative des terres du Val et la très-grande inégalité que présentent les terres de la ferme de Dampierre.

Nos dosages n'ont pas été faits en suivant exactement le plan proposé par notre éminent Confrère, M. Paul de Gasparin, mais nous nous en sommes rapproché autant que nous le permettait l'obligation de ne pas retarder la publication de ce Rapport. Les terres de la Sologne sont, en les comparant aux soixante-trois échantillons du *Traité de la détermination des terres arables dans le laboratoire*, les plus pauvres en acide phosphorique qu'on ait analysées.

Nous n'avons pas trouvé trace de chaux dans la terre de la plaine du Gros-Chêne (ferme du Chenoy); les quantités constatées dans les autres échantillons sont si faibles, qu'on est tenté de les attribuer aux chaulages faits par notre Confrère.

XIX

LE DRAINAGE

Une grande quantité des terres arables du domaine, placées sur un sous-sol imperméable, ont été long-temps, à cause de leur excès d'humidité durant l'hiver, la source de grandes contrariétés pour M. de Béhague; elles étaient battantes, manquaient de fond; les céréales de printemps n'y venaient pas ou n'y venaient que très-mal. Ces graves défauts ont été, d'abord, combattus avec efficacité par le drainage. Dans une des tuileries, une machine à fabriquer les tuyaux a été placée; elle provenait du Ministère de l'agriculture; elle a été utile à toute la contrée.

M. de Béhague a employé 284,000 tuyaux de sa fabrication pour drainer les seize pièces de terre qui avaient le plus besoin d'assainissement; celles-ci présentent ensemble une surface de 110 hectares. Le coût moyen a été de 217 fr. par hectare. L'écartement des lignes a varié de 10 à 15 mètres; la profondeur moyenne a été de 1m.10. Les pièces drainées ont présenté les sur

faces suivantes, à côté desquelles nous mettons en re-
gard le prix de chaque opération :

NOMS DES CHAMPS	SURFACES DES CHAMPS	COUT TOTAL DU DRAINAGE	PRIX DE REVIENT PAR HECTARE
	Hect.	Fr.	Fr.
Les Fromentières.	15.00	3,222.72	214.80
Les Beaubières	13.55	2,551.70	190.00
Le Moulin-à-Vent.	8.14	1,971.96	242.25
Le Chef-des-rues.	1.40	454.85	324.88
Petite-Gaulerie.	12.70	2,563.59	201.85
Grande-Gaulerie..	18.59	4,226.25	229.80
Les Garniers.	4.40	1,429.17	324.00
Le Chêne-Claveau.	2.00	412.28	206.14
Les Macés.	3.00	917.73	305.90
Corcambon.	1.00	134.77	134.77
La Rivière, ...	7.61	2,077.05	273.57
La Chardonnière..	5.08	900.04	178.00
Burly [1].	2.60	469.90	180.90
Beauce.	1.10	209.66	190.60
La Chaume.	11.95	1,555.84	150.45
Les Crocs.	2.94	876.56	321.65
Totaux ou moyenne. . .	110.44	23,974.14	217.20

Les frais se sont ainsi subdivisés :

	Fr.
Ouverture et comblement des tranchées, pose des tuyaux.	14,157.58
Coût des tuyaux.	7,553.86
Charrois.	577.31
Terrassements pour fossés d'écoulement. . .	540.80
Instruments et réparations.	1,001.84
Études et plans.	142.75
Total.	23,974.14

M. de Béhague estime que l'excédant obtenu sur quatre
récoltes de céréales d'hiver a suffi pour rembourser
ses dépenses. Grâce au drainage, il a pu cultiver en
larges planches plates ; il a semé sans être gêné par le
séjour des eaux ; ses labours ont été plus faciles ; les

[1] Burly est le vieux nom du pays; on disait Dampierre-en-Burly.

fumures ont été plus efficaces ; les terres battantes sont
devenues meubles et plus légères ; le Blé a moins versé
et a plus rendu. Toutefois, depuis qu'il a recours à des
labours plus profonds, il obtient des effets identiques à
ceux du drainage, et il n'applique plus cette amélioration pour les pièces de terre, qui en auraient eu besoin
d'une manière générale, que lorsqu'il est nécessaire de
donner de l'écoulement à quelques sources. En un mot,
il n'entreprend plus de grands drainages méthodiques,
mais il estime avoir fait une bonne opération en exécu-
tant les drainages qui existent. Plusieurs d'entre eux
fournissent, en outre, de l'eau pour ses irrigations, notamment sur les prés Macés et de la Michottière.

XX

LES MARNAGES ET LE CHAULAGE

Les terres du domaine de Dampierre manquant de
chaux, une des plus impérieuses conditions de leur
amélioration était de leur fournir de l'élément calcaire.
M. de Béhague a d'abord ouvert quelques marnières,
mais elles ne lui donnaient que des résultats insuffisants, et l'opération était très-coûteuse. En effet, la
marne extraite contenait une très-grande quantité de
cailloux roulés, et pour obtenir un mètre cube de calcaire il fallait extraire jusqu'à 2 mètres cubes et demi
de marne.

En conséquence, notre Confrère s'est préoccupé de
substituer l'emploi de la chaux à celui de la marne, et
il a fini par acheter, à Gien, en 1860, une carrière de
pierre à chaux; il y a construit un four pour la cuisson
de cette pierre; il obtient ainsi une chaux qui lui sert
pour ses constructions et pour des chaulages qu'il effectue sur une large échelle. C'est une chaux maigre,
mais se délitant bien par l'hydratation; il la fait répan-

dre, l'été généralement, à raison de 50 hectolitres au minimum et de 100 hectolitres au maximum, soit 75 hectolitres, en moyenne, par hectare. Elle revient à 90 centimes l'hectolitre, prise à pied d'œuvre; auparavant la chaux coûtait 1 fr. 60 c. l'hectolitre, et le marnage était alors préféré au chaulage. On en charge 2 mètres cubes par charrette conduite par un cheval, et le prix de transport de Gien à la ferme est compté à 7 fr., soit 35 centimes l'hectolitre.

M. de Béhague fait ses chaulages de deux manières. Pour les Luzernes, les Trèfles et les Vesces, il répand la chaux après son hydratation, c'est-à-dire à l'état pulvérulent. Sur les terres arables, il la fait déposer en petits tas, dans les champs; ces tas sont recouverts de terre; après qu'ils ont commencé à fuser, ils sont retournés pour que l'hydratation continue; après dix ou douze jours, la chaux est répandue; il faut, en moyenne, deux journées à 4 fr. pour cette opération. Un chaulage moyen coûte donc, par hectare, $75 \times 0.9 + 75 \times 0.35 + 8$ fr.; soit, en tout, 101 fr. 75. On estime qu'il faut renouveler l'opération tous les six ans.

En 1873, il a été employé, sur le domaine, 2,424 hectolitres de chaux, soit pour 35 hectares environ. C'est à peu près dans cette proportion que les chaulages sont effectués tous les ans.

Nous avons pris deux échantillons de la pierre à chaux de la carrière de Gien : l'un blanc, au milieu de la côte; l'autre jaunâtre, au bas de cette côte.

La pierre blanche a une densité de 2.423; elle est assez tendre, mais elle ne se délite que lentement dans l'eau; elle laisse par la calcination une chaux égale à 56.90 pour 100 de son poids, très-blanche, se gonflant quand on l'hydrate et tombant assez bien en poussière fine.

La pierre jaunâtre a une densité de 2.500, un peu plus

forte, par conséquent, que celle de la précédente ; elle
se délite un peu plus lentement encore dans l'eau ; elle
laisse par la calcination une chaux égale à 58.50 de son
poids, jaunâtre, ne se gonflant presque pas par l'hydratation, mais tombant encore assez bien en poussière fine.

Les deux échantillons nous ont présenté la composition suivante :

	PIERRE A CHAUX BLANCHE DE GIEN	PIERRE A CHAUX JAUNATRE DE GIEN
Silice et silicates.	1.964	2.040
Carbonate de chaux.	96.020	95.545
Carbonate de magnésie.	0.567	0.650
Sesquioxyde de fer.	0.204	0.416
Alumine.	0.576	0.172
Eau de combinaison des sesqui- oxydes et perte.	0.809	1.095
Potasse.	traces	0.064
Acide phosphorique.	0.060	0.058
TOTAUX. . . .	100.000	100.000

Nous avons donné à nos résultats d'analyse la forme
adoptée par notre savant Confrère, M. Paul de Gasparin,
pour ceux que lui a fournis son examen récent des deux
marnes de Blancafort et d'Orléans, employées pour les
marnages en Sologne et prises par notre Correspondant,
M. Goffart, dans le dépôt d'Orléans. Il est intéressant de
rapprocher des nôtres les résultats de M. de Gasparin,
qui a obtenu :

	MARNE DE BLANCAFORT	MARNE D'ORLÉANS
Silice et silicates.	12.570	28.720
Carbonate de chaux.	85.680	58.170
Carbonate de magnésie.	0.594	1.250
Sesquioxyde de fer.	2.757	3.005
Alumine.	traces	6.160
Eau de combinaison des sesqui- oxydes.	0.469	2.660
Potasse.	0.076	0.585
Acide phosphorique.	0.063	0.030
TOTAUX. . . .	100.009	100.080

On voit que le calcaire de Gien, adopté par M. de Béhague pour faire sa chaux, est beaucoup plus riche en
carbonate calcique que les marnes de Blancafort et d'Orléans, et que, par conséquent, il a fait un choix excellent,
car il répand dans ses champs une chaux qui est très-
voisine de la pureté et qui se délite bien; or c'est le but
que l'on se propose d'atteindre dans les chaulages.

XXI

FUMIERS ET ENGRAIS

M. de Béhague, pour les soins à donner à ses fumiers, s'est inspiré, en partie, des excellents conseils exposés par M. Boussingault dans son célèbre opuscule intitulé *La Fosse à fumier*.

Dans la cour de chacune des fermes est creusée une fosse à fumier, avec une pente douce sur un côté afin que les voitures puissent y descendre et y être chargées facilement. Sur les trois autres côtés, les bords sont relevés par rapport au sol environnant pour que les eaux pluviales voisines ne puissent pas affluer ; les gouttières des toits des bâtiments en sont aussi détournées. Au point le plus bas des fosses est établie une citerne pour recueillir le purin. Un tuyau de pompe peut plonger dans la citerne pour qu'on ait le moyen d'arroser facilement la surface et d'amener le fumier à la consistance voulue. D'autres fois, le fumier est déposé dans la fosse, en tas séparés les uns des autres, et le purin s'amasse alors dans des espèces de rigoles où on le reprend, par des écopes, afin d'arroser les tas. M. de Béhague estime que, de cette manière, on mouille plus facilement et plus régulièrement le fumier que par l'emploi de la pompe. L'écope est aussi plus économique que la pompe, quand les tas de fumier n'ont pas une grande élévation.

Pour augmenter la masse de fumier, M. de Béhague fait ramasser, chaque année, 5.000 à 7.000 bottes de fougères. Ses cours et ses paddocks sont garnis de Bruyères, de feuilles et d'herbes de ses bois, ainsi que des herbes qu'il fait couper sur les bords et les queues de ses étangs.

On obtient par an 2.800 tonnes de fumier : le mètre cube de fumier, tel qu'il est ordinairement préparé, pèse 950 kilogrammes. Il faut remarquer, ici, qu'en dehors du fumier, une partie des déjections des troupeaux se trouve utilisée dans les parcages et les pâtures.

La vacherie est lavée chaque jour : les eaux mêlées aux urines se rendent dans la citerne au purin pour être employées à l'arrosage des fumiers ou des composts.

Dans le fossé de l'ancien château, que nous avons signalé en décrivant notre première visite du domaine, on fait, avec toutes sortes de balayures, 250 mètres cubes de composts que les chariots viennent facilement enlever en y pénétrant par la partie basse.

Tout est combiné, dans l'exploitation, pour accroître, autant que possible, la masse de matières fertilisantes qu'on peut conduire dans les champs. En outre, M. de Béhague fait pâturer, puis parquer, autant que le climat le permet, ses troupeaux d'espèce ovine pour ménager les transports tant des nourritures que des fumiers.

A nos yeux une terre ne peut produire beaucoup de récoltes exportées hors du domaine qu'à la condition de nombreux apports originaires, si elle n'a pas une richesse capitalisée à l'avance, et toujours à la condition de restitutions correspondantes aux enlèvements de pro-

duits. Les partisans de l'opinion que l'assolement alterne
peut suffire à un domaine pour entretenir sa fertilité,
et il s'en trouve encore d'éminents dans notre Compagnie,
nous permettront d'accuser ici notre divergence de vues,
qui est de plus en plus grande au fur et à mesure que
nous étudions davantage les faits ; nous pensons que
leur théorie est absolument erronée. Quoi qu'il en soit,
cette théorie ne rencontre pas d'appui à Dampierre.
M. de Béhague a beaucoup apporté sur ses terres arables,
et il leur fait d'abondantes restitutions par ses fumiers
augmentés par les herbes de ses bois et de ses étangs,
qui s'enrichissent de matières amenées de très-loin par
voie souterraine. Les déjections du bétail ne sont pas
non plus composées seulement de produits venus sur
les fermes ; chaque année, il est importé de 10,000 à
15,000 kilog. de tourteaux divers, et 15,000 kilog. de
Maïs en grains, qui sont consommés par les animaux
domestiques du domaine.

Nous signalerons, dans le chapitre suivant, l'épandage
de très-grandes quantités de vases extraites avec soin
des étangs. Nous avons antérieurement indiqué la grande
importance des chaulages ; il faut y joindre l'emploi des
cendres provenant des tuileries, qui sont répandues
aussi, chaque année, ainsi que les résidus de la féculerie. Mais, en plus, M. de Béhague a employé du noir
d'os sur ses défrichements de la ferme du Chenoy, et
plus tard, des phosphates des Ardennes réduits en farine
fine, à raison de 600 à 800 kilogrammes par hectare. Des
phosphates pulvérisés sont aussi répandus, dans les bergeries, à raison de 2 kilogrammes par 10 têtes et par
semaine. On en met enfin sur les fumiers accumulés en
dépôt dans les champs, avant leur épandage. La quantité
annuellement employée est d'environ 20,000 kilogrammes de phosphates pulvérisés.

C'est en suivant avec persévérance cette voie d'amélioration, c'est-à-dire en augmentant toujours ses engrais en même temps qu'il approfondissait la couche de terre arable, où les racines des plantes peuvent puiser les sucs nécessaires à la végétation, que notre Confrère est parvenu à accroître les rendements de ses terres arables, à élever ainsi la rente de son domaine.

XXII

LES ÉTANGS

En 1826, il existait, tant sur Dampierre que sur Bois-Béhague, vingt et un étangs mal aménagés, marécageux. Aussi les fièvres étaient communes dans le pays. Un des premiers soins du nouveau propriétaire fut de faire disparaître cette cause d'insalubrité et de tâcher d'utiliser, pour les améliorations générales, des réservoirs d'eau qui, jusqu'alors, n'avaient guère été qu'un objet de gêne et une source de misère. Tous les étangs qui ne pouvaient pas avoir d'écoulement ont été desséchés et transformés en prairies irriguées au moyen d'aménagements convenables, qui ont exigé un grand nombre de travaux de terrassement. Aujourd'hui, il n'existe plus que cinq étangs, qui n'offrent aucun inconvénient; ce sont ceux de Corcambon, d'une contenance de 112 hectares; du Bourg, 12 hectares; du Moulin, 12 hectares; de Mollandon 14 hectares; des Mardelets, 2 hectares. Ces surfaces sont celles des pleines eaux; elles sont souvent réduites de

plus d'un tiers, notamment cette année, dont la sécheresse est, il est vrai, tout à fait exceptionnelle.

L'étang de Corcambon fournit l'eau nécessaire pour
mettre en mouvement les roues hydrauliques qui font
marcher la féculerie, les moulins et parfois la scierie ;
il est le réceptacle ou, en quelque sorte, l'égout de la
vaste forêt d'Orléans, qui couvre les plateaux voisins.
La manière dont ses eaux ont été aménagées pour en
assurer l'assainissement mérite d'être signalée.

Quatre étangs se trouvaient placés à la suite les uns
des autres dans une même vallée. Le premier, celui de
Corcambon, devait être conservé comme réservoir de
force motrice. Le second, dit de la Rivière, était destiné
à disparaître. Il se composait de deux parties, dont l'une
fut facilement desséchée et a donné un assez bon pré,
dont le drainage a été cité plus haut (chap. XIX); l'assé-
chement de l'autre partie, plus basse, formée d'un fond
tourbeux et remplie de sources, présentait un problème
assez difficile à résoudre, d'autant plus que les eaux du
troisième étang (celui du Bourg) y refluaient, lorsque
celui-ci était plein. Le dernier étang, dit du Moulin, sert
de biez au grand moulin.

Pour assainir la partie basse de l'étang de la Rivière
et en enlever les eaux provenant du drainage, M. de
Béhague a dû employer la combinaison suivante. L'eau
de Corcambon a été amenée directement dans l'étang du
Bourg, par un canal à mi-côte, sur la gauche de l'étang
de la Rivière. Quant aux eaux de ce dernier, elles ont
été envoyées, par un second canal de dérivation, à droite
de l'étang du Bourg, dans l'étang du Moulin, où elles
contribuent à faire marcher une roue hydraulique, au
moyen d'une chute de 5^m.50, donnant une force d'environ douze chevaux.

Par cette combinaison, l'étang de la Rivière a été

a mis, par quelques terrassements, ses pièces d'eau à francs bords. Tous les ans, les queues et les bords sont fauchés, et on en obtient une grande quantité d'herbes ou de roseaux, destinés à être placés sous les animaux ; c'est un très-utile appoint pour les étables.

En outre, M. de Béhague tire un excellent parti des vases de ses étangs.

En 1857, il a fait extraire de l'étang du Bourg, qui reçoit tous les égouts du village de Dampierre, 2,500 mètres cubes de vase ; il les a laissées exposées à l'air durant un an, puis il les a fait conduire sur ses prés. L'effet a été considérable et rapide. Le foin a pris, en 1859, un développement prodigieux ; la végétation a été si vigoureuse qu'il a versé et qu'on n'a pu le faucher à la machine ; il était, en outre, tellement abondant que les meilleurs faucheurs du pays ne pouvaient pas en couper plus de 25 à 30 ares dans leur journée.

Cette expérience a été concluante : aussi M. de Béhague continue-t-il à faire enlever, tous les ans, la vase de ses étangs. Il y trouve l'avantage important de pouvoir fournir de l'ouvrage à tous les ouvriers qui lui en demandent, dans les saisons où les occupations manquent, en général, dans la campagne. Il en obtient, en outre, une matière fertilisante puissante, surtout quand elle est combinée avec l'emploi de la chaux. Un bateau dragueur circule sur les étangs ; quand il est à peu près rempli, on l'approche d'une sorte de débarcadère où est établi un plan incliné. Sur ce plan est placé un petit chemin de fer, sur lequel monte et descend un wagon conduit par un câble s'enroulant sur un treuil à demeure à la partie supérieure de la rampe. Le treuil est mis en mouvement par un homme marchant sur une grande roue à chevilles. Le wagon se décharge, par un mouvement de bascule, en arrivant au haut du plan incliné, et redescend ensuite, par sa propre pesanteur, jusqu'au bateau. Le mètre cube de vase ainsi extraite coûte 75 centimes, à l'état frais; il revient à 1 franc, après que la vase s'est égouttée.

Voici l'analyse d'un échantillon de la vase d'étang que nous a remis notre Confrère durant l'hiver 1873-1874 :

```
Eau. . . . . . . . . . . . . . . . . . . . . . . . . . . . . . 29.00
Matières organiques. . . . . . . . . . . . . . . . . . . . . . 12.08
            ⎧ Matières insolubles dans l'acide ni-
            ⎪   trique. . . . . . . . . . . . . .   53.10 ⎫
 Cendres    ⎪ Chaux. . . . . . . . . . . . . . . .   0.10 ⎪
 ou matières⎨ Acide phosphorique. . . . . . . . .   0.08 ⎬ 58.92
 minérales  ⎪ Potasse. . . . . . . . . . . . . . . traces ⎪
            ⎪ Acide sulfurique, chlore, silice, ma-       ⎪
            ⎩   gnésie, alumine, oxyde de fer. .   5.64 ⎭
```

TOTAL. 100.00

Azote pour 100. . . . 0.995

En faisant la comparaison avec le fumier de ferme ordinaire, d'après l'hypothèse, plus ou moins inexacte, que l'on peut prendre comme mesure approximative de la fertilité l'azote et l'acide phosphorique, on peut esti- mer que cette vase a, au point de vue de l'azote, une fois et demie la valeur du fumier, mais seulement le cin- quième de cette valeur, au point de vue de l'acide phos- phorique. L'expérience agricole a montré qu'en fait l'emploi de la vase à la dose de 20,000 à 50,000 kilogram- mes à l'hectare équivaut à une bonne fumure.

Mais la vase d'étang n'a pas une composition con- stante. Nous en avons acquis la preuve par l'analyse d'un second échantillon que nous avons prélevé nous- même pendant notre visite du mois d'août. Cette nou- velle vase nous a présenté la composition suivante :

Eau. 51.70
Matières organiques. 13.14

Cendres ou matières minérales	Matières insolubles dans l'acide nitrique.	48.09	
	Chaux.	traces	
	Acide phosphorique.	0.55	
	Potasse.	0.26	55.16
	Magnésie.	0.14	
	Sesquioxyde de fer.	2.30	
	Alumine.	3.62	
	Acide sulfurique..	0.25	
	Silice soluble.	0.15	

                                        TOTAL. 100.00

    Azote pour 100. . . . 0.004

Par la lévigation, cette vase, préalablement desséchée
à 100 degrés, nous a donné les résultats suivants :

Matières argileuses. 10.04
Matières sableuses. 89.96
                                 _____
        TOTAL. 100.00

C'est donc un sable peu argileux, riche en matières
organiques azotées, et contenant d'ailleurs de l'acide
phosphorique et de la potasse, comme toute bonne terre,
mais sans calcaire d'une manière sensible.

XXIII

LES PRÉS

Depuis qu'il a pris possession de son domaine, notre Confrère s'est attaché à accroître l'étendue et à augmenter le rendement de ses prés par des terrassements, des drainages, des canalisations, des irrigations; il a transformé en bonnes prairies la plus grande partie des anciennes pâtures, et il a créé une certaine étendue de prés nouveaux. Il est arrivé à compter, aujourd'hui, 90 hectares en herbages permanents. Pour obtenir ce résultat et pour l'aider à vaincre des difficultés souvent assez considérables, il a eu recours aux conseils d'un praticien habile, très-connu par de remarquables travaux exécutés dans les Vosges, M. Simon.

Les prés du domaine de Dampierre sont de deux espèces : ceux des bas-fonds et des anciens étangs et ceux des côtes. Ces derniers sont irrigués soit par les drains des terres supérieures, soit par les canaux qui servent d'écoulement aux eaux tombant à leur superficie. On y

6.

fait une coupe et on y prend un pâturage. La coupe
donne ordinairement de 550 à 700 bottes de 5 kilogrammes par hectare, soit 2,750 à 3,500 kilogrammes.
Dans les années sèches, telles que l'année 1874, par
exemple, il y a une forte réduction dans le produit.

XXIV

LES INONDATIONS DE LA LOIRE

Une cinquantaine d'hectares de la ferme du Val sont riodiquement exposés aux inondations de la Loire. Il / est produit, notamment en 1846 et en 1866, des bouleversements terribles ; ici des ravins profonds, là-bas des sablements ; presque partout un sol méconnaissable. le rupture de la digue a surtout causé ces désastres 1846. Notre Confrère a donné alors des preuves d'un vouement qui ne calcule pas quand il s'agit de la vie s autres ; il est parvenu à sauver, au péril de ses jours, elques-uns de ses colons dont les maisons étaient enhies et entourées par les flots. Il avait été nommé chedier de la Légion d'honneur en 1845, un des premiers rmi les agriculteurs, pour ses travaux agricoles ; en 847, il fut promu au grade d'officier en récompense de conduite au milieu du danger.

Afin d'éviter une nouvelle rupture de digue, il a obnu de l'administration des ponts et chaussées la conruction d'un déversoir, long d'environ 500 mètres, à l'amont de sa propriété. Si la Loire grossit, les eaux commencent à pénétrer à l'aval ; elles se répandent, en faisant remous, lentement dans la plaine, et arrivent jusqu'au pied du déversoir, d'où les eaux d'en haut tombent, quand l'inondation torrentielle survient, dans de l'eau déjà arrivée, de telle sorte que les ravinements et les transports de terres sont devenus impossibles. Un autre avantage du déchargeoir sera que désormais les crues du fleuve ne seront plus accompagnées de la rupture de la digue.

Les inondations de la Loire exercent, en fin de compte, une grande action fécondante ; elles ont permis de mettre la ferme du Val en culture presque sans fumure. On y trouve des terres d'une fertilité exceptionnelle. Dans quelques parties on cultive indéfiniment des céréales sans y apporter de fumier ; le limon de la Loire y pourvoit tous les quatre ans environ, en faisant perdre, il est vrai, une récolte ; on ne peut compter absolument sur un produit au moment de la semaille, mais le bénéfice est toujours grand sur une période assez longue. Même dans les années d'inondation, on peut remplacer les récoltes perdues par des cultures dérobées. Dans ces terres inondées, les Betteraves et les Luzernes donnent toujours un rendement très-élevé. Il y a un revers à ces bienfaits de la Loire ; de grandes surfaces sont ensablées ; pour les fixer, M. de Béhague a fait des plantations de Pins.

XXV

LES ROUES HYDRAULIQUES

Nous avons dit, dans le chapitre consacré aux étangs, que deux roues hydrauliques, placées à la suite de l'étang du Moulin, font marcher, à l'aide d'une chute d'une hauteur totale de 5 mètres, les usines du domaine. Ces roues en dessus et à augets sont anciennes ; elles ont été seulement réparées par M. de Béhague. Mais le château manquait d'eau. Notre Confrère a, en conséquence, fait monter un système hydraulique complet dont l'établissement a coûté 22,000 fr. L'eau est élevée par cet appareil à une hauteur de 50 mètres. Lorsque le niveau de l'eau dans l'étang est trop bas, un manège mû par un cheval fait marcher une pompe pour suppléer, en partie, à l'inaction de la roue hydraulique.

On a vu que M. de Béhague possède une série d'étangs situés à des niveaux différents. Entre deux de ces étangs, celui du Bourg et celui du Moulin, existe une différence de niveau ou chute d'un mètre environ.

En 1869, M. de Béhague a prié M. A. Fortin-Hermann

de lui étudier un moteur hydraulique, avec pompes, pouvant élever un litre d'eau par seconde au niveau de ses pelouses, situées à une altitude de 30 mètres au-dessus du niveau de l'étang du Bourg.

Les conditions d'installation étaient les suivantes :

Établir tout le système, moteur et pompes, sur un même bâti, le tout construit en métal, de façon que le montage en place fût la reproduction fidèle du montage aux ateliers de construction, et offrant cette condition particulière de pouvoir transporter l'appareil et de l'installer à un autre endroit, sans nécessiter des con-structions spéciales en maçonnerie autres qu'un sol so-lide sur lequel on n'ait qu'à poser l'ensemble du moteur et des pompes.

Une construction simple entoure et couvre les ma-chines.

L'eau est prise dans l'étang du Bourg et circule sous la digue séparant les deux étangs, dans un canal en maçonnerie de 0m.900 de largeur et voûté. Une vanne d'arrêt en fonte et fer permet d'intercepter l'arrivée de l'eau dans le canal.

Le moteur est une roue dite de côté, recevant l'eau au-dessous du plan horizontal de l'axe autour duquel elle tourne ; elle est à aubes paraboliques, dont le pre-mier élément est tangent à la direction relative de l'eau à son entrée dans la roue. Cette disposition évite le choc de l'eau sur les aubes ; elle est, de plus, favorable à la sortie et permet de faire marcher la roue noyée de toute l'épaisseur de la lame d'eau en déversoir, qui peut être, au maximum, dans cette roue, de 0m.210. Les dimen-sions de la roue sont : diamètre extérieur, 3m.500 ; lar-geur, 0m.900 (celle du canal d'amenée).

La roue comporte 48 aubes de 0m.42 de profondeur, et se compose de deux couronnes en fer plat montées sur six bras (aussi en fer plat) à chaque extrémité. Les bras sont fixés à deux tourteaux en fonte clavetés sur l'arbre. Les aubes sont en tôle et fixées aux couronnes au moyen de fers corniers.

Les flasques et le fond du coursier, ainsi que l'amorce du canal d'amenée, sont formés de pièces en fonte ajustées et boulonnées ensemble. Ces diverses pièces supportent toute la construction.

La vanne-déversoir réglant l'épaisseur de la lame d'eau est construite en bois ; elle glisse dans des rainures pratiquées le long des joints réunissant les flasques et la pièce amorce du canal d'amenée. Une portion du fond de ce canal est placée en contre-bas de $0^m.700$ de l'arête supérieure de la vanne à sa position inférieure, de façon que les corps étrangers puissent s'y déposer.

Les pompes aspirantes et élévatoires sont composées de deux systèmes placés chacun sur le côté des flasques en fonte portant les paliers dans lesquels roule l'arbre de la roue motrice.

Chaque système est à double effet, à deux plongeurs tubulaires à l'intérieur desquels circule l'eau à élever. Ces plongeurs sont superposés et glissent verticalement dans des corps de pompe fixés aux flasques. Ils sont de sections différentes ; le plus gros, ayant une section double de l'autre, est placé en bas, et le plus petit au-dessus : un clapet s'ouvrant de bas en haut est interposé entre eux. Ces plongeurs sont solidaires.

Le fonctionnement des plongeurs s'opère au moyen d'un balancier mû par une bielle actionnée par une manivelle calée directement sur l'arbre de la roue motrice.

Comme il y a deux systèmes de pompes et que, par les dimensions relatives des plongeurs, on obtient deux pompes à double effet, les deux manivelles motrices sont calées à 90°; on a ainsi, pour un tour de roue, 4 points morts, ce qui donne une grande régularité de marche.

Les corps de pompe inférieurs reçoivent les tuyaux d'aspiration (d'un diamètre de 0m.080), qui sont branchés sur le canal de fuite, et prennent ainsi l'eau à sa sortie de la roue ; ils sont munis, chacun, d'une soupape d'aspiration.

Les deux corps de pompe supérieurs portent, chacun, une tubulure sur laquelle est fixé un tuyau de refoulement de 0m.060 de diamètre ; ces deux tuyaux se réunissent en un seul portant un clapet de retenue, avant son débouché dans le réservoir d'air.

Cette disposition de pompes offre cette particularité que l'eau suit une direction constante sans coudes ni retours ; elle est très-favorable aux dégagements d'air. La marche de l'eau ou le fonctionnement des pompes s'opère de la manière suivante :

Dans le mouvement ascensionnel, le clapet des plongeurs se ferme et le clapet d'aspiration s'ouvre ; le plongeur inférieur fait le vide et aspire toute la quantité d'eau qui sera refoulée dans les deux mouvements (ascension et descente) ; pendant ce même mouvement ascensionnel, le plongeur supérieur n'en refoule que la moitié, puisqu'il est d'une section moitié moindre.

Dans la descente, le clapet d'aspiration se ferme et le clapet de refoulement s'ouvre ; le plongeur supérieur se retirant de son corps de pompe tend à réaspirer l'eau qu'il a refoulée pendant le mouvement ascensionnel ; mais, comme le plongeur inférieur est d'une section double, il restitue l'eau réaspirée et de plus en refoule une quantité égale. Les efforts sont donc égaux, puisque l'eau refoulée est la même dans les deux mouvements.

La conduite de refoulement part du réservoir d'air,

traverse le mur de la chambre et aboutit aux pelouses dans un réservoir de 50 mètres cubes. Son diamètre est de 0ᵐ.060.

La roue et les pompes ont été établies pour élever un litre d'eau par seconde à 30 mètres de hauteur, soit 30 kilogrammètres en eau montée, sans tenir compte d'aucun frottement des pièces entre elles, ni de la résistance de l'eau dans les tuyaux.

Ce débit correspond à une vitesse de la roue de 6 tours par minute. L'épaisseur de la lame d'eau, passant sur la vanne-déversoir, qui produit cette vitesse de 6 tours, est de 0ᵐ.088. Le débit correspondant est de 35 litres par seconde, qui, multipliés par 1ᵐ.06 (hauteur de chute), donnent une force brute de 37 kilogrammètres 10. Le rendement est donc de $\dfrac{30}{37.10} = 80$ pour 100 environ.

7

XXVI

LE MATÉRIEL AGRICOLE

Le matériel des fermes et des métairies a subi en
France une transformation complète depuis 1826, c'est-
à-dire depuis l'époque où notre Confrère a pris possession de son domaine, époque qui coïncidait presque
avec celle où Mathieu de Dombasle fondait l'école de
Roville et introduisait, en Lorraine, des machines perfectionnées, les unes dues à son génie inventif, les autres
importées par ses soins. Non-seulement M. de Béhague
ne se contenta pas de suivre ce mouvement de progrès,
mais il se mit à la tête de la révolution mécanique qui
ne tarda pas à surgir. Il a, tout d'abord, substitué, dès
1851, aux antiques instruments de la Sologne, habituée
à n'avoir guère recours qu'aux billons, la charrue Dombasle, la charrue Parquin, le binot flamand, les scarifi-
cateurs et herses Bataille, les herses et buttoirs Dombasle. Vinrent ensuite, successivement, le rouleau
Crosskill, les herses Howard de différentes formes, les
houes Smith et Howard, et, comme couronnement des

instruments de labour, les charrues défonceuses de Howard, la charrue double-brabant qui, de la plaine de Soissons en Picardie, tend à se répandre partout où le labourage en planches plates est possible.

Parmi les instruments nouveaux dont l'introduction modifie considérablement la culture et amène des améliorations d'une haute importance, il faut surtout citer les semoirs. M. de Béhague a adopté l'excellent semoir à distributeurs et à socs mobiles de Garrett ; il en possède divers modèles et est très-satisfait de leur emploi ; deux chevaux lui servent à en faire la traction.

Notre Confrère a compris tous les avantages que les machines présentent pour les travaux pressés de la fenaison et de la moisson. Dès 1858, il a fait très-rapidement les foins, à l'époque de la plus grande disette de bras, avec la faucheuse de Burgess et Key. La faneuse de Smith et le râteau à cheval de Howard l'aident à compléter l'œuvre de la faucheuse, en lui permettant de faner et de rentrer promptement ses fourrages. Il se sert maintenant, pour la moisson de ses céréales, de la machine à moissonner de Wood et de la machine dite royale de Samuelson. Cette année, avec ces machines attelées chacune de deux bœufs, il lui a été possible de terminer, dès le 25 juillet, une moisson de 75 hectares de Blé et de 51 hectares de Seigle, sans avoir besoin de recourir à d'autres bras que ceux du pays ; ces deux machines font, dit-il, un travail parfait et abattent, chacune, chaque jour, de 5 à 6 hectares de céréales.

Dès avant 1830, M. de Béhague a commencé à faire battre ses grains mécaniquement. Il a, d'abord, eu recours à la machine écossaise, qu'il a remplacée par celle de Wagner, de Nancy ; celle-ci a été, à son tour, changée pour celle de Papillon plus perfectionnée, et il y a joint, plus tard, la batteuse locomobile de Cumming,

afin de pouvoir aller exécuter les battages dans les deux
fermes du Val et du Chenoy. C'est cette dernière machine à battre locomobile que nous avons vue fonction-
ner à la ferme du Val ; elle était mue par une machine
à vapeur également locomobile du même constructeur.
Cette machine à vapeur est de la force de 5 chevaux-
vapeur ; la pression était de 5 atmosphères et demie ; on
y brûlait des cotrets ou des falourdes. M. de Béhague ne
veut pas un battage trop rapide, qui exigerait l'emploi
simultané d'un trop grand nombre d'ouvriers. Dix per-
sonnes, dont quatre femmes, y étaient employées. On
obtenait, par jour, de 45 à 48 sacs d'un hectolitre et
demi, soit de 110 à 120 kilogrammes chacun. Le Blé
était repassé, avant d'être ensaché, dans un tarare amé-
ricain construit par Rose, de Poissy, et que faisait marcher une poulie prenant, par une courroie, son mouvement sur une seconde petite poulie motrice de la locomobile à vapeur. La paille était reliée en bottes, et les
balles étaient mises en sacs pour être transportées au
magasin, près des étables.

L'engraissement d'hiver, qui se fait surtout au moyen
de mélanges dont les racines font la base, nécessite un
outillage spécial en coupe-racines, hache-paille, etc. On
coupait au hache-paille, au moment de notre visite, du
Maïs vert pour le donner aux animaux de l'espèce bovine
et de l'espèce ovine.

M. de Béhague a monté, chez lui, un atelier de répa-
ration pour l'entretien de ses instruments qui sont presque tous en fer ; il a attaché à son exploitation un ouvrier habile chargé de ces travaux, ainsi que de l'entretien de l'outillage de ses usines. Il a une menuiserie et
un charronnage en même temps qu'une forge. Son atelier
lui livre ses chariots, qui sont à quatre roues ; on y ferre
ses chevaux et ses bœufs.

Voulant donner l'exemple de l'emploi des machines nouvelles, comprenant qu'il devait même prendre des machines non encore parfaites, afin d'encourager les inventeurs et les constructeurs, M. de Béhague a acheté bien des instruments qu'il a dû remplacer bientôt par d'autres plus parfaits. Il ne fait figurer ses instruments pour leur valeur d'achat qu'une seule fois dans ses inventaires, et il amortit toujours leur valeur en dix ans, quoique beaucoup aient une durée plus considérable.

XXVII

LES ASSOLEMENTS

« La plupart des auteurs qui ont écrit sur l'agriculture, a dit M. de Béhague dans son Mémoire (inédit) pour
le concours de la prime d'honneur qu'il a remportée en
1861, semblent avoir méconnu la nature et la puissance
d'inertie de ces terres abandonnées généralement à la
mousse, aux Bruyères, aux Ajoncs, à toutes ces plantes
adventices qui n'y trouvent pas même assez de nourriture pour y atteindre leurs proportions normales. J'ai
cependant trouvé, dans les écrits de deux hommes
doués d'un sens pratique profond, des enseignements
que j'ai essayé de mettre à profit dès le début de mon
entreprise. J'ai étudié les nombreux et savants écrits de
M. Rieffel sur l'agriculture de l'Ouest; j'ai médité plus
particulièrement sur l'application de la formule si complète et si claire que le très-regrettable Royer a donnée
de la fertilité des terres pour chacune de leurs périodes
successives. Tout d'abord, j'ai classé les terres de Dampierre d'après cette formule, en m'efforçant de ne de-

mander à chaque parcelle que ce qu'elle était en état
de porter, pour l'amener progressivement à son maximum de production. C'est en suivant cette méthode que
j'ai amené ces différentes terres à l'état où elles sont ar-
rivées.

« En restreignant la surface arable, afin de la mieux
travailler et d'y concentrer tous mes moyens de fertilisation, ma préoccupation constante a dû être et a été
d'augmenter incessamment la somme de mes fumiers,
et, pour cela, de me préparer des ressources fourragères croissantes. C'est vers ce but que j'ai dirigé tous
mes efforts, et c'est afin de l'atteindre que j'ai modifié
successivement mes assolements pour m'arrêter enfin à
ceux que je suis aujourd'hui. A chaque tentative, j'ai
obtenu des résultats meilleurs qui sont maintenant très-
satisfaisants. »

Les terres jugées de qualité suffisante pour être cultivées et pour produire, sous l'action de la charrue, plus
qu'elles ne le feraient par les plantations arbustives,
sont encore de nature très-diverse sur les trois fermes
du domaine de M. de Béhague ; aussi, elles ne sont pas
traitées de la même manière, mais le principe général
qui préside à leur exploitation est celui de l'alternance
des cultures. Il faut demander au sol successivement
tous les éléments qu'il peut fournir à des récoltes ayant
des exigences diverses, en ayant soin de lui ajouter en
même temps des engrais complémentaires.

Pour les meilleures terres de ses fermes, M. de Béhague a adopté l'assolement suivant :

1re sole, racines fumées,
2e — Avoine,
3e — Trèfle semé dans l'Avoine,
4e — Blé ou Orge,
5e — racines fumées,

6° — Blé,
7° — fourrages verts,
8° — Blé,
9° — hors d'assolement.

Dans les soles 1 et 5, M. de Béhague met des Betteraves ou des Pommes de terre; dans la sole 7, des Vesces
d'hiver ou du Maïs d'été, ou encore du Trèfle incarnat;
dans la sole 9, il cultive des Luzernes.

Cette division des cultures est particulièrement appli-
cable à 96 hectares environ de la ferme de Dampierre.

Les choses s'y présentent ainsi pour l'année 1874-
1875 :

1re sole, racines. . . . .   10 h. 50 ares,
2°   —   Avoine.   10   73
3°   —   Trèfle.   11   10
4°   —   Blé.   10   55
5°   —   racines.   12   50
6°   —   Blé.   12   24
7°   —   fourrages verts.   11   60
8°   —   Blé.   10   01
9°   —   hors d'assolement (Luzernes). .   7   35

Sur les terres de deuxième classe, principalement de
la ferme du Chenoy, et sur 67 hectares de celles de
Dampierre, M. de Béhague a adopté un assolement alterne de quatre années, ainsi qu'il suit :

1re sole, jachère,
2°   —   Blé ou Seigle,
3°   —   Sarrasin,
4°   —   Pâtures.

Les soles sur la ferme du Chenoy sont de 14 à 16 hectares; il y en a quatre en pâtures; celles-ci sont primitivement semées en Sarrasin et en Ray-Grass ou Genêts;
elles restent en pâturage trois ou quatre ans, selon leur

état; elles sont ensuite défrichées pour constituer la jachère et être mises en Blé ou, plus souvent, en Seigle; dans le chaume on sème souvent du Trèfle incarnat; après la coupe de ce Trèfle, on sème du Sarrasin, ce qui constitue la troisième année de la rotation; la terre rentre ensuite de nouveau en pâturage.

Sur la ferme du Val on trouve des terres d'alluvion excellentes, où l'on peut obtenir alternativement du Blé, du Colza, des Fèves et des fourrages. Sur quelques-unes, des inondations sont périodiques; ces inondations arrivent à peu près une année sur quatre. Il est impossible d'avoir sur de telles terres un assolement régulier; on y récolte parfois des céréales pendant deux ou trois années de suite. D'autres de ces terres sont constituées par du sable; on y récolte de la Luzerne des Pommes de terre, des Betteraves, des Carottes, du Lupin, en calculant, à chaque saison, les quantités à semer d'après les besoins de la consommation fourragère des fermes.

XXVIII

CULTURE DU BLÉ

M. de Béhague ne cultive que du Blé d'hiver. Après l'enlèvement des récoltes vertes ou des racines, il fait faire un labour à la charrue de Fondeur pour les terres cultivées à plat, à la charrue de Dombasle pour les terres cultivées en planches; il fait ensuite donner un coup de herse.

Le Blé est, sur les trois fermes du domaine, semé au semoir de Garrett; il est semé complétement à plat dans les terres bien saines; dans les autres, en petites planches de la largeur du semoir. M. de Béhague change la semence aussi souvent que possible, mais il ne prend plus maintenant que le Blé rouge qui réussit le mieux dans les conditions où il se trouve. Il sème clair, surtout dans les terres les plus fertiles, afin d'éviter la verse: c'est là un des principaux avantages de l'emploi du semoir. Un coup de rouleau au printemps et des hersages multiplient les tiges en les couchant sur le

terrain, d'où elles se relèvent plus nombreuses et plus
vigoureuses.

M. de Béhague fait la moisson avant la maturité complète, pour que celle-ci s'achève dans les moyettes. Les
rendements ont été en augmentant au fur et à mesure
que les marnages, les chaulages et des labours plus
profonds ont amélioré la couche arable. Dans les bonnes
terres de la ferme de Dampierre, ils sont de 24 à 32 hectolitres à l'hectare. Dans la ferme du Val, ils sont assez
inégaux, mais d'autant plus forts qu'on est plus rapproché d'une année d'inondation. Au Chenoy, ferme de
défrichement, ils sont moins élevés ; on n'y a qu'une
récolte de 22 à 26 hectolitres à l'hectare. La culture du
Blé, en 1874, a porté sur les surfaces suivantes :

	HECTARES
Ferme du château ou de Dampierre. . .	29.60
Ferme du Val.	33.50
Ferme du Chenoy.	12.00
TOTAL.	75.10

Le rendement total a été de 2,100 hectolitres, ce qui
fait 27 hectolitres 97 litres par hectare en moyenne,
chiffre très-remarquable, surtout quand on considère
qu'il embrasse les plus mauvaises terres aussi bien que
les bonnes.

Nous avons pris dans un tas de gerbes, au moment
où nous visitions le battage par la machine locomobile
de Cumming, 15 épis ainsi choisis : 5 grands, 5 moyens,
5 petits, selon la méthode employée par notre ancien
confrère, M. Pommier, pour apprécier une récolte. Ces
15 épis nous ont fourni 472 grains, soit 31 à 32 grains
par épi ; d'où il résulte que la récolte, s'il avait régné
une absolue régularité sans aucun manque dans la
pousse des touffes, eût été, au maximum, de 52 hecto-

litres ; la récolte moyenne a été, nous venons de le voir, de 28 hectolitres. Les 472 grains étaient rougeâtres, assez durs ; ils pesaient 19 grammes 324, ce qui donne 40 milligrammes 94 pour le poids du grain moyen ; c'est le poids moyen trouvé par M. Boussingault. (*Économie rurale*, 2ᵉ édit., t. I, p. 412.) Les mêmes grains occupaient un volume de 25.5, d'où on conclut que l'hectolitre pesait, en moyenne, 75ᵏ.78. Avec ces données, on trouve que l'hectolitre renfermait 1,850,980 grains de Blé ; c'est 56,110 grains de moins à l'hecto-litre que n'a trouvé M. Boussingault, ce qui prouve que sous même poids ils étaient un peu plus gros que ceux étudiés par notre savant Confrère. Pour l'analyse chimique, nous avons trouvé :

Eau.	13.50
Matières azotées (gluten, albumine, etc.).	13.08
Matières grasses.	1.30
Amidon, dextrine, etc.	1.60
Cellulose.	69.10
Matières minérales ou cendres.	1.42
Total.	100.00
Azote pour 100. . . .	2.093

Pour déterminer les matières minérales, nous avons suivi la méthode de M. Berthier ; nous avons d'abord fait des cendres noires que nous avons traitées par l'eau distillée, et nous avons trouvé pour 100 un poids de sels solubles ou alcalins de 0.804 ; nous avons ensuite incinéré la partie insoluble dans l'eau jusqu'à ce que les cendres soient blanches, et nous avons eu pour 100 un poids de 0.614. Des déterminations successives dans ces deux produits nous ont donné les résultats sui-vants :

Acide phosphorique dans la partie soluble
dans l'eau avant incinération complète. 0.284 ⎫
Potasse. . . . . 0.492 ⎬ 0.804
Soude, chlore, acide sulfurique. . . . . 0.028 ⎭
Acide phosphorique dans les cendres blan-
ches. . . . . 0.290 ⎫
Chaux. . . . . 0.123 ⎬ 0.614
Magnésie, oxyde de fer, manganèse. . . . 0.141 ⎬
Silice. . . . . 0.060 ⎭

TOTAUX. 1.418   1.418

L'acide phosphorique se décompose ainsi :

En combinaison avec la potasse. 0.284
En combinaison avec la chaux et la magnésie. 6.290

Acide phosphorique total. . . . 0.574

On ne saurait trop recommander aux chimistes de ne pas chercher, dans l'analyse des cendres des végétaux, à obtenir d'un seul coup des cendres blanches ; lorsqu'on chauffe trop fortement et trop longtemps, on fait disparaitre une partie des sels alcalins.

La composition du Blé du domaine de Dampierre, telle qu'elle résulte de nos analyses, est celle d'un Blé de très-bonne qualité.

XXIX

CULTURE DU SEIGLE

Avant la venue de notre Confrère sur le domaine de Dampierre, la culture du Blé y était à peu près inconnue; on n'y pratiquait que celle du Seigle, qui faisait exclusivement la nourriture de l'habitant. Aujourd'hui le Seigle est encore la céréale favorite des terres de deuxième classe. Quand on a de l'incertitude sur le produit possible d'une terre, on y sème du Seigle, parce que l'on est certain d'avoir sinon beaucoup de grain, du moins beaucoup de paille. M. de Béhague dirige ses cultures de manière à pousser à la production de la paille, car il compte surtout sur son bétail pour obtenir des bénéfices.

Le Seigle est, sur le domaine de Dampierre, cultivé généralement en billons; on prend ce parti, afin d'augmenter l'épaisseur de la couche siliceuse et de *nature battante* dans laquelle les racines peuvent puiser la nourriture de la plante. Les billons ont une largeur de 0ᵐ.60 ; ils rendent la terre moins battante et obvient aux déchaussements des pieds du Seigle.

La variété employée par M. de Béhague est celle de Russie ; il s'en loue beaucoup. Elle a une longueur de paille très-remarquable, 2 mètres à 2ᵐ.25 ; cela permet de faire les liens d'une seule paille. Cette culture est quelquefois atteinte par les gelées ; c'est ce qui est arrivé, cette année, dans les terres du Val.

Le rendement du Seigle varie beaucoup ; une récolte de 22 à 24 hectolitres par hectare est considérée comme un bon produit. On le sème toujours sur pâturage et demi-jachère ; le plus souvent, c'est sur billons et à la main que se fait la semaille, à raison de 100 à 120 litres seulement par hectare. Sur les terres labourées à plat, on fait la semaille au semoir ; il n'y a pas économie de semence, et la culture à plat fournit moins que la culture en billons faite selon les usages du pays.

On semait presque toujours, à l'époque où l'on faisait les boisements, du Seigle dans les parties défrichées, après une demi-jachère, pour protéger les semis de Pins et obtenir, en même temps, un produit.

En 1874, les surfaces cultivées en Seigle ont été :

	HECTARES
Ferme de Dampierre.	17.80
Ferme du Val.	21.21
Ferme du Chenoy.	12.58
TOTAL.	51.59

La quantité de grain n'a été que de 550 hectolitres ; mais 50 hectares avaient été mangés en vert ; le rendement par hectare récolté en grain a donc été de 26 hectolitres. Le Seigle est, en effet, principalement destiné à servir de nourriture verte, après que le bétail a consommé de même le plus possible d'Orge en vert.

XXX

L'ORGE

L'Orge d'hiver réussit, en général, assez bien à Dampierre ; elle est semée dans la même sole que le Seigle, toujours à plat, avec le semoir ; un hectolitre de semence est suffisant par hectare. Le but de M. de Béhague est surtout de la faire consommer en vert ; le surplus seulement est récolté pour donner du grain. On obtient alors un rendement très-variable, mais en moyenne de 22 à 24 hectolitres à l'hectare. On met toujours en moyettes ; le battage du grain est assez difficile, et on n'aime pas à le faire dans les fermes. M. de Béhague nourrit au printemps, durant trois semaines au moins, son bétail avec la nourriture verte que lui fournissent ses cultures d'Orge et de Seigle.

On fait un peu d'Orge de printemps dans les terres de la ferme du Val.

M. de Béhague a essayé l'Orge Chevalier. Ses expériences n'ont pas donné des résultats favorables. Placée sur ses meilleures terres, cette variété a produit une paille

molle, flasque, très-feuillue, incapable de résister à la
verse. Notre Confrère s'est vu forcé de revenir à l'Orge
commune. L'an dernier, il a fait la culture comparée de
cette Orge française avec de l'Orge anglaise envoyée à
la Société par M. Richardson. L'avantage est resté à
l'Orge anglaise que M. de Béhague a dès lors adoptée,
son rendement étant supérieur à celui des Orges du
pays.

La quantité récoltée en 1874 s'est élevée à 200 hectolitres. Les surfaces cultivées avaient été :

	HECTARES
Ferme de Dampierre.	2.55
Ferme du Val..	2.50
Total.	5.05

Un hectare ayant été mangé en vert, le rendement
moyen de la partie cultivée pour le grain a été de
49 hectolitres, ce qui est un produit très-considérable,
dépassant même les *maxima* constatés jusqu'à ce jour.

XXXI

L'AVOINE

M. de Béhague cultive l'Avoine le moins possible ; elle ne lui donne qu'un rendement très-médiocre ; le plus souvent de 50 à 52 hectolitres à l'hectare, parfois moins encore. Il sème l'Avoine noire de Beauce ; ses essais d'Avoine de Sibérie ne lui ont pas donné de bons résultats.

L'Avoine, à Dampierre, succède aux racines. Après un labour, on donne un coup de herse, et on sème à part, avec le semoir, en lignes distantes de 0m.15 ; on emploie 120 litres de grain à l'hectare. Dans l'Avoine, on sème toujours du Trèfle à la main.

La moisson de l'Avoine se fait à la machine ; on laisse les javelles huit ou dix jours couchées sur le champ, à moins de mauvais temps. On a obtenu, cette année, 500 hectolitres d'Avoine seulement. La levée a été mauvaise, et le grain en partie échaudé par les grandes chaleurs et le manque d'eau. On avait ensemencé les surfaces suivantes :

	HECTARES
Ferme de Dampierre.	14.10
Ferme du Val.	5.50
Ferme du Chenoy.	5.50
TOTAL.	25.10

Le rendement n'a donc été que de 12 hectolitres environ à l'hectare ; c'est un produit extrêmement faible, qu'il importait, du reste, de mettre en évidence tout aussi bien que les produits avantageux fournis par d'autres cultures.

XXXII

LE SARRASIN

Le Sarrasin est cultivé dans les terres de deuxième classe ; il y occupe une sole de l'assolement, comme on l'a vu plus haut (chap. XXVII). Il est, en partie, consommé à l'état vert par les attelages de bœufs ou la vacherie ; le reste est rentré sans être spécialement battu. Après la coupe on met en moyettes quand il est demi-sec ; les moyettes sont portées dans la grange ; la graine qui tombe sur le sol est seule ramassée pour servir à faire les semailles ; la paille qui n'a pas été battue, ou qui a été seulement très-légèrement battue, est donnée aux troupeaux de l'espèce ovine ; elle constitue une excellente nourriture.

Les étendues consacrées au Sarrasin, en 1874, ont été les suivantes :

	HECTARES
Ferme de Dampierre.	12.50
Ferme du Val.	3.50
Ferme du Chenoy.	2.50
TOTAL.	18.50

Les rendements du Sarrasin sont toujours, à Dampierre, très-inégaux soit d'une année à l'autre, soit, la
même année, d'une pièce de terre à une autre pièce de
terre, tant il y a, sous le climat de Sologne, de causes
susceptibles d'en contrarier la végétation. Cette année,
sauf pour 1 hectare de la ferme de Dampierre, tout a été
mangé en vert ; la récolte à l'hectare, laissée pour être
fauchée demi-sèche, n'était pas faite lors de notre dernière visite, le 21 octobre.

XXXIII

CULTURE DES BETTERAVES

Notre Confrère donne de grands soins à la culture des Betteraves, parce qu'il regarde ces racines comme fournissant une excellente et abondante nourriture pour son bétail. L'espèce qu'il a adoptée est la grosse blanche d'Allemagne à collet vert ; il prend sa graine dans le Nivernais. Le mode de culture auquel il s'est arrêté après diverses expériences est celui sur billons fumés en dessous, analogue à celui que M. Decrombecque, feu notre Confrère au titre d'Associé régnicole, a prôné comme étant le plus productif, et qu'il employait sur les vastes cultures de Betteraves de sa célèbre ferme de Lens (Pas-de-Calais).

Après l'enlèvement de la récolte du Blé, on donne un labour de déchaumage, puis un bon hersage pour favoriser la pousse de toutes les plantes adventices. Vers la fin d'octobre on ouvre des billons à une profondeur de 0m.50 et à une distance de 0m.70, au moyen d'une charrue du pays ou d'une charrue de Howard, attelées

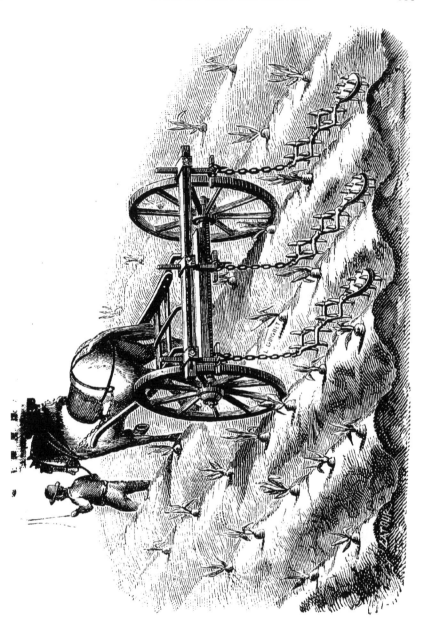

Fig. 5. — Chariot à chaînes de M. Decrombecque, employé pour le nettoyage des Betteraves cultivées sur billons.

de quatre ou de six bœufs. Dans les fossés des billons
ainsi formés, on répand une très-forte fumure de
60,000 à 80,000 kilog. de fumier bien fait par hectare.
On refend alors l'entre-deux des billons avec la même
charrue, de manière à couvrir le fumier. On roule en
long les billons ainsi constitués, avec un rouleau de
fonte composé de trois cylindres agencés sur le même
axe.

A l'arrière-automne, ou en hiver et même au printemps, selon les besoins, on fait passer le long des
billons la herse à crochets de Howard, deux ou trois
fois, jusqu'à ce qu'on obtienne une grande propreté.
Ensuite, huit ou quinze jours avant le moment favorable pour la semaille des Betteraves, on relève les
billons par un coup de charrue ; on donne un nouveau
coup de rouleau, et enfin on fait passer un rouleau à
côtes, dont les côtes marquent, sur les sommets des
billons, la place où la graine doit être déposée. Des
femmes qui suivent y mettent les graines à la main.
Les racines sont ainsi espacées de 0m.20 à 0m.25 dans le
rang, et les rangs sont distants de 0m.70.

On donne immédiatement après la semaille, un nouveau coup de rouleau avec un rouleau cylindrique en
fonte à trois pièces. Plus tard, on obtient la propreté
des billons au moyen de la houe à cheval de Howard. Il
n'est donné qu'une seule façon à la main, celle du dé-
pressage ou dédoublage, pour ne laisser à chaque plant
qu'une seule racine.

Lorsque les Betteraves sont parvenues aux deux tiers
environ de leur grosseur définitive, on défonce les
creux des billons à une profondeur de 0m.30, au moyen
de la défonceuse de Howard, conduite par deux ou trois
chevaux attelés en ligne. Dans le courant d'août, ou,
au plus tard, vers la fin de ce mois, on repasse de nou-

veau le buttoir, de manière à rejeter de la terre au pied des racines.

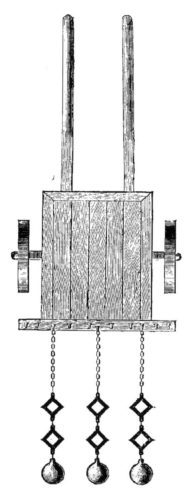

Fig. 4. — Plan du chariot à chaînes de M. de Béhague pour le nettoyage des Betteraves cultivées sur billons.

A partir de ce moment, on entretient la propreté des billons au moyen de chaînes dites de Decrombecque. Ces chaînes, de 2 mètres de longueur, sont composées

8

de forts anneaux carrés de $0^m.15$ à $0^m.20$ sur chaque face, le fer des anneaux ayant une épaisseur de $0^m.03$ à $0^m.04$ en carré. Un boulet ou une pièce de fonte est à l'extrémité de la chaine. Trois chaines sont attachées à un petit chariot, et distantes les unes des autres de $0^m.70$. Un cheval est attelé à ce chariot; il passe dans la ligne du milieu, les deux roues étant dans les deux lignes voisines (fig. 3).

M. de Béhague a simplifié le chariot de M. Decrombecque en attachant les chaînes à une barre fixée à l'arrière d'un simple petit camion, comme le représente la figure 4. Trois lignes de deux billons sont ainsi rudement travaillées par les chaînes. On met celles-ci dans le chariot pour pouvoir tourner aux extrémités du champ. On peut, de cette manière, travailler 5 hectares en une journée.

Quand les terres sont trop sales, on attache deux chaînes à un même crochet du camion, ou bien on attelle à un seul cheval, par un crochet sur un palonnier, quatre ou cinq chaînes agissant alors dans le même sillon qui sépare deux billons.

L'arrachage des racines se fait en octobre. M. de Béhague paye 22 francs par hectare pour faire arracher, effeuiller et charger les racines dans des tombereaux.

Tels sont les soins minutieux donnés à la culture de la Betterave chez notre Confrère. Grâce à ces soins, il obtient de 70,000 à 80,000 kilogrammes de racines à l'hectare dans les bonnes années ; mais, l'an dernier, il n'a récolté que 50,000 kilogrammes. Il faut ajouter que ce n'est que dans ses meilleures terres qu'il fait cette culture, attendu qu'il faut de fortes récoltes pour payer les nombreuses façons nécessaires et pour tirer parti des fumures employées.

En 1874, la culture des Betteraves a été faite sur les surfaces suivantes :

	HECTARES
Ferme de Dampierre.	8.00
Ferme du Val.	7.50
Ferme du Chenoy.	2.00
Total.	17.50

La récolte totale a été de 700,000 kilog., soit 40,000 kil. par hectare en moyenne.

Nous avons analysé deux des Betteraves que notre Confrère nous a envoyées ; elles pesaient, l'une $5^k.141$, l'autre $1^k.011$; la densité du jus de la première était 1.02, celle du jus de la seconde 1.04. Nous avons trouvé la composition suivante pour la partie moyenne des racines :

	GROSSE BETTERAVE	PETITE BETTERAVE
Eau.	91.08	89.08
Matières azotées.	1.31	1.75
Sucre.	6.29	7.81
Cendres.	0.99	0 91
Cellulose et autres matières organiques non dosées. . .	0.33	0.45
Totaux. . . .	100.00	100.00
Azote pour 100.	0.21	0.28

L'azote a été déterminé par le procédé de M. Peligot ; en multipliant par 6.25 le nombre obtenu, on a eu les matières azotées. Le sucre a été dosé successivement au saccharimètre et par la méthode de M. Payen ; il y a eu identité des résultats.

L'étude des cendres nous a présenté les résultats suivants :

	GROSSE BETTERAVE	PETITE BETTERAVE
Sels alcalins (principalement chlorure de potassium et carbonate de potasse). . .	0.730	0.630
Acide phosphorique.	0.110	0.107
Chaux et autres matières minérales solubles..	0.130	0.126
Silice.	0.020	0.047
TOTAUX.	0.990	0.910

Pour l'incinération, nous avons fait d'abord des cendres noires et nous les avons lavées avec de l'eau distillée ; nous avons évaporé le liquide pour obtenir des sels alcalins, où nous n'avons pas trouvé de soude. Nous avons ensuite brûlé de nouveau la partie insoluble dans l'eau distillée jusqu'à ce que nous ayons des cendres blanches que nous avons traitées par l'acide nitrique, afin de déterminer l'acide phosphorique dans la dissolution. On devra remarquer que les Betteraves analysées ne renfermaient, pour 100, respectivement, que 8.92 et 10.92 de matière sèche ; elles se classent parmi les plus aqueuses ; elles ne sont pas riches en sucre, mais donnent plus que la moyenne ordinaire en matières azotées ; elles sont très-bonnes pour l'alimentation du bétail.

XXXIV

LES POMMES DE TERRE

Le reste de la sole des racines est, en général, occupé
sur les bonnes terres du domaine de Dampierre par la
Pomme de terre, à la culture de laquelle M. de Béhague
consacre de 20 à 22 hectares chaque année, depuis 1867.
Il cultive la Pomme de terre Chardon, aujourd'hui pré-
férée pour la féculerie par tous les agriculteurs, parce
qu'elle échappe, en général, à la maladie du *Botrytis
infestans*. Il plante les tubercules tantôt à plat, tantôt en
billons. Dans le premier cas, on fume une raie de charrue sur trois, c'est-à-dire qu'en donnant un labour on
répand le fumier dans la troisième raie ouverte et on
y plante en même temps la Pomme de terre à distance
voulue ; la quatrième raie vient recouvrir la troisième
après ces opérations. On ne fait rien ni dans le sillon de
la quatrième ni dans celui de la cinquième raie ; mais
on fume et on plante de nouveau dans la sixième raie
ouverte, et ainsi de suite. On donne, quelques jours
après la plantation, au moins un hersage pour ameublir

8.

la surface et déraciner les herbes adventices jusqu'à la levée. Quand les lignes des jeunes plants de Pommes de terre commencent à marquer, le nettoyage se fait à la houe à cheval jusqu'au moment où les plants sont assez grandis pour pouvoir être buttés.

Pour la culture de la Pomme de terre en billons, après déchaumage, puis hersage, on ouvre les billons avec la charrue du pays. La terre reste dans cet état jusqu'au moment de la plantation, qui s'effectue en répandant le fumier dans le fond des billons et en y plaçant les tubercules de reproduction aux distances voulues. On enterre le fumier et les tubercules plantés en refendant l'entre-deux des billons avec la même charrue, et l'on donne un coup de rouleau dans le sens de la longueur. Pour entretenir la propreté des champs, on se sert, comme pour la culture des Betteraves, de la herse à crochets. Lorsque les lignes sont bien marquées, on cultive entre les billons par la houe à cheval de Howard, et on butte lorsque les plants sont assez élevés. L'expérience ayant démontré que ce système de mettre des Pommes de terre en billons donne de meilleurs résultats que le précédent, M. de Béhague a décidé de l'employer exclusivement désormais.

On arrache les Pommes de terre, à Dampierre, dans le courant d'octobre.

Le rendement qu'on obtient varie de 180 à 200 sacs de 100 kilog. chacun par hectare. Cette année, on avait mis en Pommes de terre les surfaces suivantes :

Ferme de Dampierre.	11.50
Ferme du Val.	5.00
Ferme du Chenoy.	3.50
Total.	20.00

Le rendement total a été de 400,000 kilog., soit de deux cents sacs de 100 kilog. chaque par hectare.

Depuis huit ans, les mêmes tubercules se produisent; ils sont, tous les ans, plus beaux. Les Pommes de terre Chardon primitives avaient été achetées à la halle de Paris.

M. de Béhague attribue le succès qu'il obtient à la profondeur des labours qui ont toujours précédé la plantation et à la forte fumure de 60 à 70 tonnes de fumier de ferme qu'on emploie par hectare.

Notre Confrère nous a envoyé quatre Pommes de terre de sa récolte; les poids de ces quatre tubercules étaient respectivement 990, 457, 447 et 427 grammes. Nous avons fait l'analyse des deux premières; nous avons trouvé la composition suivante :

	TUBERCULE PESANT 990 GR.	TUBERCULE PESANT 457 GR.
Eau.	70.85	74.30
Fécule.	20.34	17.84
Matières azotées.	2.69	2.06
Autres matières organiques solubles. .	1.17	1.22
Cellulose, matières grasses, etc. (pulpe).	4.56	4.51
Cendres.	0.39	0.34
Totaux. . . .	100.00	100.00
Azote pour 100. . .	0.43	0.33

La fécule a été obtenue par le râpage dans l'eau, puis par dessiccation à 100°. Le dosage d'azote a donné les matières azotées, et les cendres ont été obtenues comme il a été dit dans les chapitres précédents (chap. XXVIII et XXXIII), pour ce qui concerne l'analyse du Blé et des Betteraves.

Nous avons obtenu les résultats suivants pour la composition des cendres :

	GROS TUBERCULE		TUBERCULE MOYEN	
Acide phosphorique dans la partie soluble dans l'eau avant incinération complète.	0.046	} 0.125	0.036	} 0.092
Chlore, acide sulfurique, potasse, etc.	0.079		0.056	
Acide phosphorique dans les cendres blanches.	0.064	} 0.262	0.048	} 0.244
Chaux, magnésie, etc..	0.155		0.158	
Silice.	0.043		0.038	
TOTAUX.	0.387	0.387	0.336	0.336

L'acide phosphorique total des cendres des Pommes de terre se décompose ainsi :

	GROS TUBERCULE	TUBERCULE MOYEN
Acide phosphorique à l'état soluble. . . .	0.046	0.036
Acide phosphorique à l'état insoluble. . .	0.064	0.048
TOTAUX.	0.110	0.084

M. de Béhague avait reçu de la Société, au mois de mars dernier, deux Pommes de terre : l'une de Calédonie, pesant 250 grammes ; l'autre, dite Chardon améliorée, pesant 450 grammes. La première a été coupée et plantée ; elle a produit quatre pieds, qui ont donné 5 kilog. 600, soit 21 fois la semence. La seconde a produit six pieds, qui ont donné 22 kilog. 500, soit 50 fois la semence. Dans ses cultures en grand, il avait, cette année, employé pour ses plantations 12 sacs de 100 kilog. par hectare : il a obtenu, comme on vient de le voir, 200 sacs, soit 16 fois la semence.

XXXV

LES TOPINAMBOURS

Les Topinambours sont maintenant peu cultivés sur le domaine de notre Confrère, l'arrachage et le lavage des tubercules étant trop dispendieux. On en trouve seulement de 2 à 4 hectares dans la ferme du Chenoy. On ne laisse le champ de Topinambours que deux ans ; la deuxième année, les tubercules deviennent très-petits, et le résultat est mauvais. On regarde comme un bon rendement un produit de 50 à 60 sacs par hectare.

L'arrachage ne se paye que 20 à 25 centimes par sac, comme pour celui des Pommes de terre, quoiqu'il soit beaucoup plus difficile. C'est que, pour les Topinambours, il ne s'effectue qu'en hiver, et qu'alors la main-d'œuvre est moins chère qu'à l'automne, où a lieu l'arrachage des Pommes de terre.

M. de Béhague use d'un procédé simple et économique pour éviter le lavage, qui coûterait cher, à cause des difficultés qu'il présente sur la ferme du Chenoy.

Les Topinambours sont chargés dans un tombereau qu'on conduit sur une pâture; là on déverse le véhicule de manière à faire un tas de tubercules. La pluie suffit à effectuer le lavage. Les troupeaux de moutons viennent manger les Topinambours ; ils en sont très-friands, et ils ne laissent jamais rien. M. de Béhague estime que cette nourriture donne du lait aux brebis.

XXXVI

LES NAVETS ET RUTABAGAS

La culture des Navets n'a pas beaucoup d'importance
sur le domaine de Dampierre; il n'en est guère ensemencé que pour servir à la nourriture des vaches des
maîtres-valets, qui en font faire eux-mêmes l'arrachage
sans qu'il en coûte rien à M. de Béhague. Comme c'est
une récolte essentiellement variable à Dampierre, et
qui dépend beaucoup du succès souvent douteux de la
levée, elle serait abandonnée sans cette circonstance,
que les servantes qui soignent les vaches sont entièrement au service des maîtres-valets ; ceux-ci les payent
de leurs deniers. Or, ce sont les servantes qui font l'arrachage des Navets au fur et à mesure des besoins, et
successivement, en prenant d'abord les petits, et ensuite
les plus gros, pour donner racines et feuilles ensemble
aux bêtes. De cette manière l'arrachage ne coûte rien,
et l'on finit par avoir un produit avantageux, mais ce
n'est pas ordinairement une affaire de grande culture.

Cette année, il a été mis en Navets les surfaces suivantes :

	HECTARES
Ferme de Dampierre.	8.00
Ferme du Val.	0.50
Ferme du Chenoy.	1.50
TOTAL	10.00

On a donné, cette année, à cette culture plus d'exten-
sion que d'ordinaire, à cause de la rareté accidentelle
des fourrages ; il a été aussi semé 1 hectare 50 ares de
la ferme du Chenoy en Rutabagas.

XXXVII

LE LUPIN JAUNE

Le Lupin jaune de Prusse est cultivé avec succès dans les sables du Val de la Loire ; il y occupe, tous les ans, 8 à 10 hectares. Les délégués de la Société en ont vu un très-beau champ. On le récolte avant complète maturité ; on le bat à moitié et on le met ensuite en moyettes couvertes ; souvent même on ne le bat pas du tout ; il suffit de vider les tombereaux sur le sol de la grange pour obtenir ainsi une quantité de graines qui suffit amplement à l'exécution des semailles. Le rendement est de six à huit chariots par hectare, soit 12,000 à 15,000 kilogrammes, le poids dépendant beaucoup de l'état de siccité plus ou moins avancée de la récolte. On fait directement tout consommer, pailles et grains, par les moutons. C'est une excellente nourriture, qui profite beaucoup à l'espèce ovine.

M. de Béhague a entrepris cette culture sur les conseils de M. de Gourcy ; il n'a eu qu'à s'en louer. Il a pris la première fois sa graine chez M. Vilmorin ; depuis lors, il en récolte plus qu'il n'en faut pour les besoins de ses semailles.

9

XXXVIII

LES GENÊTS

Un assez vaste champ de Genêts, sur les terres de la ferme du Chenoy, a attiré l'attention des délégués de la Société. Pourquoi une telle culture? Est-elle réellement digne d'être conservée, quoique dans des terres sableuses, tout à fait inférieures? Notre Confrère n'a pas hésité à répondre affirmativement, et il a donné les raisons pour lesquelles il en a toujours de 4 à 6 hectares. Il estime que c'est un fourrage salubre, qui excite l'appétit des animaux et contribue à préserver les moutons de la cachexie aqueuse. Son expérience l'a convaincu de la réalité de ces faits.

Il sème les Genêts dans du Seigle; il suffit de 3 à 4 kilogrammes de graines par hectare. On trouve sans difficulté cette graine dans le pays, où les Genêts sont très-communs et poussent presque partout.

Les Genêts sont conservés sur le même champ quatre ou cinq ans par M. de Béhague. Ils servent de pâturage d'hiver pour les moutons; ils sont aussi pâturés au printemps, au moment de la fleur; ils n'ont jamais sur le domaine causé d'accident parmi les animaux domestiques qui en ont mangé. Quand ils sont enlevés, on peut prendre sur le champ défriché une récolte de Seigle ou de Sarrasin sans fumure.

XXXIX

LES LUZERNES ET LES TRÈFLES

L'absence du calcaire dans le sol, l'état argileux du sous-sol, dans quelques parties, font que les Luzernes durent peu sur le domaine de notre Confrère. Il les sème dans un Sarrasin ou dans les céréales de printemps. La sole entière hors d'assolement des terres de première classe de la ferme de Dampierre leur est, en ce moment, consacrée. On les coupe, chaque année, de bonne heure, et on fait le plus de coupes qu'il est possible ; M. de Béhague estime que l'on récolte, en opérant ainsi, un meilleur fourrage. Si l'on attend trop longtemps pour faucher, le bas des tiges jaunit ; on a soin de toujours couper avant la fleur. On obtient, par hectare et par an, un rendement de 400 à 600 bottes, soit de 2,000 à 5,000 kilogrammes. Nous avons constaté que, malheureusement, les Luzernes de notre Confrère sont attaquées par la Cuscute ; ce parasite avait disparu en 1873 ; il est probablement importé par les semences.

Les surfaces occupées, en 1874, par la Luzerne sont les suivantes :

	HECTARES
Ferme de Dampierre.	8.25
Ferme du Chenoy.	5.50
Total.	13.75

Les Trèfles ne viennent, avec succès, à Dampierre,
que sur les terres de première classe. Le Trèfle incarnat
y est le plus productif. Le semis se fait dans les céréales
de printemps, qui succèdent aux Betteraves, et aussi sur
les chaumes. M. de Béhague achète sa semence pour les
Trèfles, ainsi que pour la Luzerne, estimant qu'il ne faut
pas trop multiplier les soins à demander aux agents
d'une grande exploitation. L'Orge et l'Avoine font au
Trèfle incarnat un abri très-convenable ; l'année suivante, on a une bonne récolte fourragère. On ne fait
qu'une coupe ; on pâture ensuite, et on retourne pour
semer du Blé. En 1874, les surfaces occupées par le
Trèfle ordinaire et par le Trèfle incarnat étaient les suivantes :

	TRÈFLE ORDINAIRE	TRÈFLE INCARNAT
	Hect.	Hect.
Ferme de Dampierre.	11.20	2.70
Ferme du Val.	4.50	5.00
Ferme du Chenoy.	»	2.00
TOTAUX.	15.70	9.79

Le Trèfle incarnat a été mangé en vert.

XL

LE MAÏS FOURRAGE

Les délégués de la Société ont vu de vastes plantations de Maïs presque à tous les âges : ici, les plants sortaient à peine de terre ; là-bas, on les coupait pour les porter dans les étables, où des hache-paille les découpaient pour en faire immédiatement une nourriture verte, mangée avec plaisir par les bêtes bovines et ovines. C'est que notre Confrère sait faire plier l'agriculture aux circonstances. L'année a été extraordinairement sèche, surtout au printemps et durant l'été ; les fourrages, en conséquence, ont été moins abondants que de coutume, et les pâturages moins nutritifs ; il fallait cependant entretenir un bétail nombreux, base de toute exploitation rurale qui n'est pas exclusivement forestière. Le Maïs récolté en vert lui a fourni un supplément de nourriture de la plus haute importance.

La quantité de graine employée aux plantations de Maïs varie de 100 à 110 litres par hectare. Au printemps, M. de Béhague sème des Maïs blancs, puis des

Maïs jaunes ; à l'arrière-saison, il sème le Maïs quarantain. Ordinairement, il met le Maïs après la récolte des Vesces. Il a toujours été satisfait des rendements.

Après avoir essayé du Sorgho, il y a renoncé, parce que cette plante a l'inconvénient de ne pouvoir être semée qu'à un seul moment, tandis qu'on peut semer des Maïs pour fourrage vert pendant plusieurs mois.

Cette année, notre Confrère avait semé, dès le printemps, en Maïs, les surfaces suivantes :

	HECTARES
Ferme de Dampierre.	10.70
Ferme du Chenoy.	1.50
Total.	12.20

Ces Maïs ont été mangés en vert. Il a ensuite mis 28 hectares de Maïs en cultures dérobées successives. Quoique la pousse ait été retardée par la sécheresse, il en a encore obtenu de bons résultats ; la différence avec les années ordinaires a été dans une moindre hauteur des plantes, qui n'ont atteint que $0^m.60$ à $0^m.90$, au lieu de $1^m.20$ à $1^m.50$.

Nous avons dit que le Maïs vert est donné aux animaux, après avoir passé par le hache-paille. Lorsque le Maïs est gros et que, par conséquent, les tiges sont devenues sèches et assez dures, les bœufs les mangent lorsqu'elles ont été préalablement coupées, mais les moutons ne les broutent qu'en faisant beaucoup de déchets. Au contraire, lorsque les tiges sont tendres et juteuses, les moutons, même très-jeunes, en sont très-friands, après qu'elles ont passé au hache-paille. Aussi, comme chez M. de Béhague, la partie la plus importante de l'alimentation est celle des jeunes moutons, il a soin de semer ses Maïs souvent et très-serrés, de manière à pouvoir toujours se procurer des Maïs fins. C'est ainsi que chaque année, pendant quatre mois, les jeunes moutons mangent le Maïs vert.

La délégation de la Société a remarqué, dans les bergeries de M. de Béhague, les auges employées pour donner à

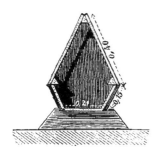

Fig. 5. — Coupe transversale des auges à moutons.

manger aux moutons, et il lui a paru utile d'en mettre les dessins sous les yeux des agriculteurs. Ces auges sont représentées en coupe perpendiculaire à la longueur, par la figure 5, et en perspective par la figure 6. Elles sont en bois blanc de pin ou de peuplier; elles sont portées par des pieds généralement

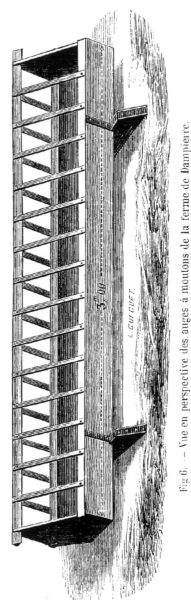

Fig. 6. — Vue en perspective des auges à moutons de la ferme de Dampierre.

en bois de chêne, qui reposent sur la litière. Ces pieds
sont larges, pour que l'auge ait de la fixité, dès qu'elle
est placée. La partie supérieure du couvercle de l'auge
se trouve formée par trois tringles longitudinales, sur
lesquelles sont clouées perpendiculairement de simples lattes. Ces tringles sont triangulaires. La tringle supérieure est plus longue que l'auge de 15 à 20 centimètres, et peut entrer dans une encoche faite en haut
des deux joues verticales qui terminent l'auge, pour
assurer le maintien du couvercle. Les lattes sont suffisamment espacées pour que les moutons puissent passer
leurs têtes et prendre leur nourriture.

Ces auges, fabriquées sur la ferme de Dampierre,
comme tout le matériel des étables et des bergeries, et
très-économiquement, sont faciles à changer de place,
ce qui est essentiel pour qu'on obtienne de bon fumier.
Il en est de même des râteliers qui sont aussi montés
sur des pieds et qui sont déplacés tous les deux ou trois
jours, tantôt en long, tantôt en travers, toujours en vue
d'obtenir un fumier bien homogène.

XLI

LES VESCES

M. de Béhague estime que les Vesces de printemps
sont loin de valoir les Vesces d'hiver. Celles-ci fournissent les plus abondantes récoltes vertes qu'on puisse
obtenir à Dampierre. On les sème sur chaume de Blé.
Après avoir retourné le chaume par un labour, on fume
à raison de 60,000 à 80,000 kilogrammes de fumier de
ferme par hectare; on enterre le fumier par un nouveau
labour; on roule, on herse légèrement, et on sème au
semoir, en lignes écartées à 0^m.20; il faut de 150 à
140 litres de graines à l'hectare, y compris un dixième
de Seigle, pour permettre aux Vesces de ramer. Notre
Confrère achète le plus souvent sa graine. Après les
semailles, on donne un nouveau coup de rouleau.

On commence à faucher en juin et on fait consommer. Au fur et à mesure que le sol devient libre, on y
sème des Maïs, qui sont les deuxièmes Maïs fourrages
de l'exploitation.

9.

Les surfaces consacrées en 1874, tant aux Vesces de printemps qu'aux Vesces d'hiver, ont été les suivantes :

	VESCES DE PRINTEMPS	VESCES D'HIVER
	Hect.	Hect.
Ferme de Dampierre.	1.00	5.00
Ferme du Val.	1.50	1.00
Ferme du Chenoy.	2.00	»
Totaux.	4.50	6.00

Les Vesces fournissent plus de nourriture quand elles sont coupées en vert que lorsqu'on les fane pour en faire des fourrages d'hiver.

XLII

LES PATURES

Les pâtures jouent un rôle important sur les terres de dernière classe du domaine de Dampierre. On les obtient en semant, dans le Sarrasin ou dans le Seigle, soit des graines ramassées dans les fonds de grenier, soit un mélange de graines de Trèfle blanc et de Ray-Grass ordinaire de Sologne ; souvent, et même dans les plus mauvaises terres, elles se reforment d'elles-mêmes. Elles durent quatre années ; elles ne reçoivent pas d'autre engrais que celui qu'y laissent les troupeaux qui les parcourent. M. de Béhague a essayé l'emploi de la Minette, mais elle n'a pas donné de bons résultats.

Les contenances en pâture sont considérables ; elles s'élèvent aux chiffres suivants :

1° 13 hectares pour vaches et veaux, et pour le troupeau southdown ; 19 hectares pour les moutons des troupeaux berrichons ; ces pâtures permanentes ne sont pas comptées dans les prairies, parce que ce sont d'anciennes terres dont on change la nature peu à peu ;

2° 54 hectares situés sur les bords de la Loire et res-
tés à l'état de vaine pâture, par suite des ensablements
du fleuve ;

3° 32 hectares sur la ferme du Chenoy ;

Soit en tout 118 hectares.

XLIII

LES VIGNES ET LES ARBRES A CIDRE

La Vigne ne vient que très-mal sur les terres de Dampierre. Dans tout le pays elle produit peu et mauvais. Il y en avait sur le domaine 6 hectares qui ne payaient pas les frais de fumure. Il est meilleur marché, surtout depuis l'établissement des chemins de fer, de faire venir des vins du Rhône ou du Midi. Il n'y a que les paysans qui, sur les coteaux bien exposés, peuvent entretenir une Vigne, parce qu'ils ne comptent pas leur travail fait en temps perdu. Les 6 hectares de Vignes du domaine de Dampierre sont maintenant en partie plantés en Cerisiers.

Afin d'obtenir une boisson économique, notre Confrère a planté des Pommiers sur les bords des chemins et des pièces de terre de sa propriété. Dans les bonnes années, il obtient assez de Pommes pour produire 150 pièces de cidre de 220 litres chaque pièce ; ce qui constitue maintenant la principale boisson des ouvriers ; cependant, durant la moisson, on leur donne du vin.

On fait deux cidres sur la même Pomme; le premier cidre, livré au prix de 12 fr. l'hectolitre, est coupé par son volume d'eau quand on le livre à la consommation. Le deuxième cidre est fabriqué en remettant, après la première pressée, le marc dans les cuves avec de l'eau pour obtenir une nouvelle fermentation; le deuxième cidre est consommé tel qu'il est produit. Les marcs épuisés sont mélangés au fumier.

XLIV

LES LOCATURES

Il y a encore sur le domaine de Dampierre plusieurs locatures que le propriétaire a dû conserver, parce qu'elles font vivre des familles de cultivateurs. C'est d'abord, dans la région de l'étang de Corcambon, une petite ferme de 16 hectares, qui est louée 500 fr., soit 31 fr. 25 l'hectare ; c'est ensuite, dans la région de la Chaume d'Ouzouer, une surface de 20 hectares formant deux locatures, dont le bail total est de 600 fr., soit 30 fr. par hectare ; enfin 5 hectares font l'objet de plusieurs autres petites locatures pour une somme totale de 150 fr. C'est un total de 41 hectares qui ne sont pas, en ce moment, directement cultivés par M. de Béhague ; ils sont loués en tout 1,250 fr., soit en moyenne 30 fr. 50 par hectare.

XLV

LA FÉCULERIE

La féculerie de Dampierre a été établie, en 1834, pour travailler les Pommes de terre produites par les trois fermes du domaine; son travail a été suspendu pendant que sévissait la maladie du précieux tubercule; l'usine a été remontée en 1867. Son outillage est simple, mais bon; il présente des râpes de M. Champonnois, des plans secoueurs, des tamis métalliques, un bassin à courant continu pour le dépôt de la fécule. Tout a été établi pour rendre la main-d'œuvre aussi réduite que possible : un jeune homme pour jeter les Pommes de terre dans le laveur, une femme pour engrainer dans la râperie, un homme pour surveiller la partie mécanique et changer les râpes; deux hommes pour la formation et la levée des plans secoueurs, les lavages au baquet et la manipulation des noirs. La fécule épurée est passée dans une étuve économiquement chauffée. Le mouvement est donné aux machines par la roue hydraulique du grand moulin, dont nous parlerons dans le chapitre suivant.

La position de l'usine est telle que l'eau, grâce à une dépression du terrain où on l'a construite, y arrive naturellement et abondamment sans pompes élévatoires. Les eaux de lavage sont envoyées dans des bassins où elles laissent un dépôt employé comme engrais ; le cours d'eau entraîne les eaux surnageantes sans qu'on ait à s'en inquiéter, puisqu'elles servent à des irrigations avant de se perdre dans la Loire.

Le rendement en fécule est de 15 à 16 pour 100 du poids des Pommes de terre. La pulpe, après avoir été mise à égoutter dans de grandes cases formées par des claies, est conservée dans des silos ; elle est consommée par les animaux du domaine. Elle entre dans l'alimentation des bêtes à cornes, en y apportant un élément aqueux favorable à l'emploi des fourrages secs d'une qualité médiocre.

XLVI

LES DEUX MOULINS

M. de Béhague, en devenant propriétaire du domaine de Lampierre, y a trouvé le grand et le petit moulin qui y existent encore; il les a réparés et mis au niveau des progrès de la meunerie. Aujourd'hui il ne les établirait pas, s'ils n'étaient construits, attendu que l'eau qui leur donne la force motrice nécessaire est moins abondante qu'autrefois et que les sources fournissent beaucoup moins.

Le grand moulin, de deux paires de meules, mis en mouvement par la roue hydraulique de 12 chevaux, fonctionne durant l'automne et l'hiver, c'est-à-dire quand on a beaucoup d'eau, alternativement avec la féculerie; celle-ci emploie la force de la roue hydraulique durant le jour, les moulins l'occupent durant la nuit. On mène à la même roue hydraulique la scierie, quand la féculerie a achevé son travail.

Les moulins servent à faire la mouture du Blé et du Seigle pour les besoins du château, des trois fermes et de la population ouvrière du pays; ils servent aussi à

concasser ou à aplatir les Orges, les Avoines et toutes les
grenailles destinées au bétail.

Le principal avantage que notre Confrère retire de
ses moulins consiste en ce qu'il ne vend jamais que les
Blés bien marchands et qu'il soumet à la mouture les
Blés inférieurs; il obtient ainsi une farine suffisante
pour les ouvriers, pour les fermes et pour les consommateurs du pays; les sons sont pris en charge par le
magasin pour être cédés aux fermes. De cette manière,
il tire un meilleur parti de sa récolte de Froment que
s'il devait la livrer au commerce.

La mouture pour le public, dans les moulins de M. de
Béhague, se fait au prix de 1 fr. 10 l'hectolitre pour
la mouture *en grappe*, au prix de 1 fr. 35 quand on
blute et rend à part la farine et le son; il est retenu 6
pour 100 pour l'*envolage*.

Les balayures et ce qui reste de l'envolage servent à
l'engraissement des porcs; le tout est pris par le magasin, qui le livre aux maîtres-valets à très-bon compte,
un quart environ du prix des sons.

XLVII

LES TUILERIES

Les deux tuileries de M. de Béhague ont été établies pour l'écoulement des bourrées produites en grand nombre, par suite des plantations considérables faites sur le domaine. L'une est à la Plaine-sur-Dampierre ; elle fait 80,000 à 100,000 briques et de 200,000 à 300,000 tuiles par an. Les produits ne sont que de second ordre ; ils sont faits entièrement pour la consommation locale, à laquelle ils sont livrés : les briques, à raison de 30 fr., et les tuiles aux prix de 18 à 20 fr. le mille.

L'autre tuilerie, beaucoup plus importante, est sur Bois-Béhague ; elle fabrique de 600,000 à 800,000 briques par an, d'une qualité égale à celle des briques de Bourgogne ; elle a un écoulement facile de ses produits par le chemin de fer. Le prix du millier est de 30 à 32 fr. pris à la tuilerie. Une machine de Clayton à fabriquer les tuyaux de drainage a été placée sur cette tuilerie ; elle vient d'Angers et a été donnée par le Ministère de l'agriculture. C'est cette machine qui a fait tous les tuyaux des drainages effectués à Dampierre (chap. XIX). On a fabriqué, cette année, 20,000 tuyaux. Il y a, sur cette même tuilerie, une machine anglaise pour frapper et presser les briques.

XLVIII

LA SCIERIE

La scierie locomobile a été établie, par M. de Béha-gue, non-seulement pour lui fournir toutes les planches et le bois d'œuvre dont il a besoin pour ses constructions, mais surtout pour l'exploitation des Pins provenant de ses plantations, en planches, voliges et lattes. Elle con-siste en une scie circulaire, montée sur un bâti mobile, selon le système Arbey. Elle est, en général, mue par la vapeur, mais quelquefois aussi par la roue hydraulique du grand moulin, comme il a été dit dans le chapitre précédent. La machine à vapeur est la machine locomo-bile dont il a été aussi question précédemment ; elle est chauffée pour la mise en pression par du charbon de terre ; on entretient ensuite le feu pendant tout le tra-vail avec les écorces et les débris du débitage des bois. La sciure reste sans emploi ; elle ne paraît bonne, jusqu'à présent, qu'à être brûlée.

L'écorçage des Pins se fait dans les bois, au moment de la mise en corde, quand ils sont vendus comme bois de chauffage ; mais pour la scierie les billes ne sont pas écorcées ; elles sont équarries sur la table de sciage. M. de Béhague obtient, de ses Pins ainsi débités, un prix de moitié plus élevé que s'il les vendait seulement pour bois de feu.

XLIX

LES INSTITUTIONS PHILANTHROPIQUES

Une œuvre agricole n'est ni complète ni durable si, à côté de tout ce qui est nécessaire pour tirer le meilleur parti du sol, pour obtenir d'abondantes récoltes, pour entretenir un bétail productif, on ne trouve pas des institutions destinées à assurer le bien-être matériel et moral de la population laborieuse qui donne son concours au chef du domaine. Est-il nécessaire de dire que M. de Béhague l'a compris dès qu'il est entré à Dampierre? Son cœur lui dictait sa conduite. Questionné sur ce sujet, il répond que l'intérêt bien entendu d'un propriétaire est de donner un soin tout particulier aux familles des ouvriers qu'il emploie, et il ajoute, avec la modestie un peu bourrue qui est un des traits de son caractère, qu'il n'a fait que suivre une voie déjà toute tracée. Il avait, en effet, trouvé à Dampierre une école de filles établie par ses prédécesseurs et un bureau de charité qui fonctionnait depuis un grand nombre d'années. Il a pensé aussitôt qu'il était bon d'établir pour

les garçons ce qui avait été créé pour les filles. Il a fait
une donation au bureau de bienfaisance, qui a pris
l'engagement d'entretenir une école gratuite de garçons
tenue par des Frères, et il a construit une maison d'école
dont les classes sont spacieuses, et qui a des jardins
pour les maîtres et les enfants. Une salle d'asile, un
ouvroir, un hospice, toutes installations dues aux dona-
tions des propriétaires passés et actuels de Dampierre,
achèvent de pourvoir à tous les besoins de l'enfance et
de la vieillesse.

Nous avons visité tous ces établissements ; ils sont
tels, que beaucoup de villes devraient y prendre des
exemples. Un médecin attaché à l'hospice donne des
consultations gratuites à tous ceux qui ne peuvent payer;
des médicaments sont également distribués aux habitants inscrits au bureau de charité. Les riches payent
seulement un peu plus cher, et ils ne se plaignent pas.

Nous avons signalé la chapelle construite à Bois-Béhague pour le groupe de maisons d'ouvriers que notre
Confrère y a fait bâtir, et qui se trouve à une distance
de 12 kilomètres de toute église. Là aussi sera plus tard
une école. Le pain du corps a été assuré à une population naguère sans ressource ; le pain de l'esprit doit
aussi lui être distribué. .

Les enfants sont bien soignés, et le degré d'instruction nous a paru remarquable chez plusieurs d'entre
eux, surtout eu égard à leur âge et à la situation des
parents. Les maîtres et les maîtresses paraissent satisfaits, condition essentielle pour que le dévouement soit
à la hauteur de la tâche si pénible et si difficile de l'en-
seignement primaire. Une des sœurs est, depuis plus de
vingt ans, à la tête de l'établissement hospitalier.

L

DU CAPITAL D'EXPLOITATION ET DU REVENU

C'est une question d'économie rurale du plus haut intérêt que de déterminer le capital nécessaire à une
exploitation rurale placée dans des conditions bien dé-
finies. En agriculture comme en industrie, on ne peut
pas beaucoup produire sans capitaux. Mais quels sont
les résultats obtenus? Sont-ils.dans un rapport suffisant
avec les efforts, avec les avances? La réponse est importante pour assurer l'imitation.des exemples donnés par
les propriétaires qui, comme M. de Béhague, ont consacré une longue vie à l'amélioration et à la culture
directe de leurs domaines.

Nous avons dit (chap. III) quels ont été successivement, depuis 1826 jusqu'à cette année, les produits nets
moyens de l'hectare sur l'ensemble de tout le domaine;
nous avons dit aussi quel a été le coût primitif de l'achat
de la terre de Dampierre.

Le capital d'achat, y compris les frais, était de
698,901 fr. 70 c. Le compte de la valeur foncière a été,

chaque année, augmenté du coût des nouveaux achats, des dépenses faites pour plantations, pour constructions de bâtiments, pour établissements de prairies, pour travaux de drainage, c'est-à-dire pour améliorations d'une nature permanente; il a été, au contraire, diminué de la valeur des ventes de terres effectuées. Il n'a jamais été rien supputé pour l'augmentation de valeur résultant de la pousse des bois, ni pour l'augmentation de fertilité acquise par les terres cultivées ; c'est une capitalisation naturelle qui ainsi s'effectue, mais que M. de Béhague a jugée ne devoir pas entrer dans l'estimation du capital employé. C'est dans ces conditions que le capital fourni était porté sur les livres, à l'inventaire du 1er mai 1874, pour 1,837,397 fr. 54 c.; en outre, cet inventaire donnait, pour bestiaux, instruments, grains, provisions en magasin, avances de toutes sortes, un total de 395,000 fr. qu'il faut regarder comme le fonds de roulement de l'exploitation agricole.

Le capital total de Dampierre était donc, au 1er mai 1874, de 2,232,000 fr. Mais de cette somme il faut déduire 300,000 fr. pour représenter la dépense de construction et d'aménagement du château, pour son mobilier, pour l'appropriation complémentaire des communs, les terrassements du parc, la création et la plantation du potager. Il reste, par conséquent, 1,932,000 fr., dont 1,537,000 fr. pour la valeur du domaine agricole et forestier, et 395,000 fr. pour le capital d'exploitation des trois fermes et des usines qui y sont annexées.

Nous noterons ici que M. de Béhague est et a toujours été son propre banquier, mais que, d'un autre côté, il s'est imposé la loi de ne jamais améliorer qu'avec les revenus de son domaine, et aussi de ne pas tirer de ses bois tout ce qu'ils pourraient donner, voulant obtenir

10

de beaux arbres et laisser, après lui, des plantations dignes de servir de leçon à ceux qui voudraient, à son exemple, mettre en valeur des terres semblables à celles qu'il a si bien transformées. D'un autre côté, les impôts sont peu élevés; ils ne sont que de 5 fr. par hectare moyen de tout le domaine, ce qui provient de ce que les nombreuses plantations effectuées ont fait dégrever les terres, et aussi de ce que le cadastre a été fait dans la localité antérieurement à la majeure partie des améliorations foncières.

Le capital d'exploitation porte sur 430 hectares de terres arables (voir chap. III et VIII); il s'élève donc à 858 fr. par hectare, et il n'est rien compté pour les pailles encore dans les granges ou en meules, pour les fumiers encore dans les cours, non plus que pour les engrais avancés à la terre.

La valeur moyenne de l'hectare, d'après le compte du capital, est de $\dfrac{1,557,000 \text{ fr.}}{1,925} = 798$ fr. 49 c.

Le revenu annuel est maintenant de 80,000 fr. applicables tant au capital d'exploitation qu'au capital foncier.

En calculant l'intérêt des 595,000 fr. du capital d'exploitation à 5 pour 100, on a de ce chef une somme de 19,750 fr. Il reste donc 60,250 fr. pour le revenu net du domaine agricole et forestier, ayant coûté 1,557,000 fr.; c'est un revenu de 3.92 pour 100. Il est très-vrai que le château est une condition du mode d'exploitation directe par un grand propriétaire, et qu'en conséquence il n'est pas juste de ne rien porter pour l'intérêt de sa valeur. Mais, même en ajoutant les 300,000 fr. qu'il a coûté au coût du domaine agricole et forestier, ce qui fait un capital foncier total de 1,817,000 fr., on obtient encore un revenu net de 3 fr. 27 c. Ce chiffre démontre

éloquemment que l'exploitation directe d'un grand
domaine est, pour un propriétaire qui se dévoue à l'a-
griculture, à la fois la cause d'une grande situation
dans son pays et la source d'un revenu que n'obtient
pas celui qui donne les terres en location.

Les 80,000 fr. de revenu net total actuel de tout le
domaine de Dampierre excèdent de 23,000 fr. la somme
des 40,000 fr. que M. de Béhague s'est imposé de tirer
de ses bois, et des 17,000 fr. qu'il entend obtenir toujours de ses fermes pour ne pas perdre. Ces 23,000 fr.
forment réellement son bénéfice annuel actuel comme
agriculteur et forestier (voir chap. III et IV).

Ces 80,000 fr. de revenu net se décomposent ainsi
aujourd'hui : 4,000 fr. pour 152 hectares d'étangs ;
27,000 fr. pour les 561 hectares de terres arables, de prés
et de locatures ; 49,000 fr. pour les 1,156 hectares de
bois. Le produit net par hectare est, en conséquence, de
26 fr. 31 c. pour les étangs, de 43 fr. 13 c. pour les
bois, de 48 fr. 13 c. pour les terres des fermes, et de
41 fr. 56 c. par hectare moyen de tout le domaine. On
voit que, tout considéré, les bois donnent le meilleur
produit, car ils exigent relativement beaucoup moins
de frais, beaucoup moins de capitaux. Il est vrai que,
dans l'exploitation de Dampierre, toutes les parties se
prêtent un concours mutuel et sont un peu solidaires ;
l'exploitation des plantations ne serait pas si fructueuse,
si les fermes, les tuileries, la scierie, etc., n'étaient pas
là avec les populations qu'elles ont appelées et qu'elles
nourrissent.

Dans son beau livre sur l'économie rurale de la
France, notre Confrère M. de Lavergne compare la
puissance productive des différentes régions du pays,
comme il l'avait fait antérieurement pour les différentes
parties de la Grande-Bretagne, par le produit brut de

chaque contrée. Nous avons voulu appliquer la même
méthode à l'ensemble de l'exploitation de Dampierre,
afin de la classer par rapport aux cultures générales
de la contrée où elle se trouve placée. Voici, d'après
M. de Lavergne, comment se partagerait approximati-
vement le produit brut dans la région du Centre à laquelle appartient la Sologne dont fait partie le domaine
de Dampierre.

Rente du propriétaire. . . .	20 fr.	par hectare.
Bénéfice de l'exploitant. . .	5	—
Impôts.	3	—
Frais accessoires.	2	—
Salaires	30	—
Total.	60	—

Ce produit est même supérieur à la moyenne de
ce que donne réellement la Sologne, infiniment plus
pauvre encore, malgré ses progrès, que les anciennes
provinces du Berry, du Nivernais, du Bourbonnais, de
l'Auvergne, du Valais, du Gévaudan, de la Marche, du
Limousin, du Périgord, auxquelles elle est rattachée
par notre éminent Confrère pour son estimation en bloc.
Quoi qu'il en soit, nous allons chercher quels sont les
chiffres qui résultent de la comptabilité de Dampierre
pour chacune des divisions qui viennent d'être indi-
quées. Nous ferons seulement remarquer que le domaine de M. de Béhague renferme à la fois des bois, des
pâtures, des étangs, des terres cultivées, et qu'il est
ainsi tout à fait dans les conditions du produit brut tel
que M. de Lavergne le comprend.

La rente totale du propriétaire est, d'après la comptabilité de M. de Béhague, de 57,000 fr., soit 40,000 fr.
pour les bois et 17,000 fr. pour le reste des terres. L'é-
tendue totale du domaine étant de 1,925 hectares (voir

chapitre III), une division donne 29 fr. 61 c. pour le revenu du propriétaire par hectare.

Si l'on déduit du revenu annuel total obtenu en ce moment par M. de Béhague les 57,000 fr. qui représentent le revenu du propriétaire, il reste 23,000 fr. par an, tant pour ses soins que pour son capital d'exploitation ; cela constitue bien le bénéfice de l'exploitant, et donne par hectare moyen 11 fr. 95 c. Nous avons vu tout à l'heure que le capital d'exploitation total est de 395,000 fr. Si on le répartit sur tout le domaine, on trouve 205 fr. 19 c. seulement par hectare, ce qui s'explique à cause de la grande étendue qu'occupent les bois, les étangs et les pâtures.

Les impôts sont peu élevés à Dampierre : ils se montent à 5,441 fr.; il faut y ajouter 336 fr. de prestations ; le total est de 5,777 fr.; cela fait 3 fr. par hectare ; c'est, à peu de chose près, le chiffre de toute la région du Centre, selon M. de Lavergne. Il y a lieu, toutefois, de remarquer que beaucoup de terres ont été dégrevées au moment de leur boisement ; or, les bois nouveaux vont être incessamment soumis à l'impôt, au fur et à mesure que s'éloigne l'époque de la plantation ; en outre, des terres, des marais, des étangs, qui sont devenus de fort bons prés, changeront de classe.

En ce qui concerne les frais accessoires, nous les obtiendrons d'après les livres de la comptabilité pour 1873-1874. Ces livres nous donnent 500 fr. pour le service des magasins ; 962 fr. 32 c. pour la forge ; 808 fr. 75 c. pour le four de Gien, qui fournit la chaux au domaine ; nous ne ferons pas figurer ici cette chaux pour un prix plus élevé quoique nous ayons vu que son prix de revient à pied d'œuvre est de 0 fr. 90 c. l'hectolitre, ce qui donnerait pour 2,424 hectolitres une somme de 2,181 fr. 60 c. ; mais la chaux est fabriquée avec le

10.

combustible que fournit le domaine, et il n'y a pas lieu d'en faire entrer le prix en ligne de compte pour le produit brut social que nous calculons seulement ici ; ce qui est consommé par le domaine n'est pas un produit dans le sens que nous adoptons. En continuant l'énumération des frais accessoires, nous trouvons encore 5,500 fr. pour le ménage de l'exploitant ; 1,800 fr. pour les moulins ; 1,800 fr. également pour la féculerie ; 5,108 fr. 16 c. pour les tuileries ; 2,011 fr. 55 c. pour frais généraux d'administration. Il faut encore ajouter les engrais et les nourritures achetés, savoir : 16,000 kilogrammes de phosphates fossiles à 6 fr. les 100 kilogrammes, ce qui donne 960 fr. ; ensuite 10,000 kilogrammes de tourteaux de Colza à 15 fr. le quintal, ou 1,500 fr. ; puis 1,500 kilogrammes de tourteaux de Lin 18 fr. les 100 kilogrammes ou 270 fr. ; enfin 15,000 kilogrammes de Maïs à 25 fr. le quintal, soit 3,750 fr. En additionnant, nous arrivons à un total de 22,970 fr. 58, soit 11 fr. 93 c. par hectare.

Nous arrivons maintenant au chapitre des frais pour les salaires et la nourriture des ouvriers. Il nous fournira la plus grosse somme, parce que le travail est un des principaux moyens d'action par lesquels s'améliore et prospère une exploitation agricole, même lorsqu'elle est administrée avec une économie sévère, ce qui n'est pas une parcimonie nuisible.

Nous parlerons d'abord du domaine forestier. Les exploitations des bois varient tous les ans à Dampierre. Les plantations sont, on l'a vu, de nature très-diverse. Aussi dans une année on peut exploiter, beaucoup plus que dans une autre, des bois de valeur ou d'industrie qui, conséquemment, donnent un produit plus fort relativement à leurs frais d'exploitation. Voici les chiffres relevés pour les trois dernières années :

ANNÉES	DÉPENSES	PRODUIT BRUT	PRODUIT NET
1871-72. . . .	26,057.73	168,727.76	142,670.03
1872-73. . . .	13,286.44	56,054.95	42,768.49
1873-74. . . .	12,862.49	69,713.23	56,850.74
TOTAUX. . .	52,206.66	294,495.92	242,289.26
Moyennes annuelles.	17,402.22	98,165.30	80,763.08

Le grand produit obtenu des bois en 1871-1872 est évidemment exceptionnel; il s'explique d'abord par les funestes événements de 1870-1871 qui ont suspendu l'exploitation l'année précédente. Nous ne devons donc compter, comme représentant une situation ordinaire, que les deux années suivantes; celles-ci prouvent, du reste, que M. de Béhague, en comptant 40,000 fr., comme nous l'avons vu plus haut, pour le revenu net total de ses bois, est resté dans le vrai. Nous estimerons donc les dépenses pour salaires dans l'exploitation des bois à 13,000 fr., auxquels nous ajouterons 1,000 fr. pour les salaires que demande la scierie, ce qui donnera 14,000 fr., ou 12 fr. 52 par hectare de bois.

Arrivons maintenant aux dépenses des fermes pour salaires et nourriture des ouvriers.

Le dépouillement des livres de la comptabilité donne pour la ferme de Dampierre une dépense de 22,657 fr. 59 c. en 1873-1874. La répartition des cultures a été la suivante :

	HECTARES
Blé.	29.60
Seigle.	17.80
Orge.	2.55
Avoine.	14.10
Sarrasin.	12.50
Betteraves.	8.00
Pommes de terre.	11.50
Navets.	8.00
A REPORTER. . . .	104.05

	HECTARES
REPORT.	104.05
Luzernes.	8.25
Trèfle ordinaire.	11.20
Trèfle incarnat..	2.70
Maïs.	10.70
Vesces d'hiver.	5.00
Vesces de printemps.	1.00
Locatures.	20.10
TOTAL.	163.00

Nous retrancherons la surface des locatures pour calculer le coût des salaires par hectare moyen sur cette
ferme. En divisant 22,657.59 par 142.9, nous obtenons
158 fr. 68 c. par hectare. Comme les locatures sont
comptées dans le total de l'exploitation pour tous les
calculs, nous devrons ajouter aux frais des salaires de
la ferme de Dampierre une somme proportionnelle, ou
$158.68 \times 20.1 = 5,189$ fr. 47 c.

Les dépenses en salaires pour la ferme du Val sont
bien moins considérables; nous ne trouvons, d'après le
relevé des livres, que 7,656 fr. 49 c. L'explication du
fait est que d'abord la plus grande partie des dépenses
de l'entretien du bétail est supportée par la ferme de
Dampierre, et que, d'un autre côté, la ferme du Val
compte une grande étendue de pâtures, par suite des
ensablements produits par les inondations de la Loire.
(Voir chap. XXIV). La répartition des cultures sur la
ferme du Val, en 1874, était la suivante :

	HECTARES
Blé.	33.50
Seigle..	21.21
Orge.	2.50
Avoine.	5.50
Sarrasin.	3.50
Betteraves.	7.50
A REPORTER.	73.71

	HECTARES
Report.	73.71
Pommes de terre.	5.00
Navets.	0.50
Lupin.	10.00
Trèfle ordinaire.	4.50
Trèfle incarnat.	5.00
Vesces d'hiver.	1.00
Vesces de printemps.	1.50
Pâtures.	85.79
Vignes et cerisiers.	6.00
Locatures.	5.00
Total.	**198.00**

Laissant de côté les 5 hectares de locatures, nous trouvons pour les dépenses en salaires par hectare moyen 59 fr. 46 c. Il faudra ajouter $59.46 \times 5 = 197$ fr. 52 c. au chiffre total des salaires, pour tenir compte de ceux qui doivent être attribués aux locatures de la ferme du Val.

D'après les livres de la comptabilité, les salaires de la ferme du Chenoy s'élèvent à 6,201 fr. 08 c. Les cultures y étaient ainsi réparties en 1874 :

	HECTARES
Blé.	12.00
Seigle.	12.38
Avoine.	5.50
Sarrasin.	2.50
Betteraves.	2.00
Pommes de terre.	3.50
Topinambours.	4.00
Navets.	1.50
Rutabagas.	1.50
Genêts.	6.00
Luzernes.	5.50
Trèfle incarnat.	2.00
Maïs.	1.50
Vesces de printemps.	2.00
Pâtures et jachères.	32.12
Locatures.	16.00
Total.	**110.00**

En retranchant les locatures, nous avons à répartir 6,201 fr. 08 c. sur 94 hectares; nous obtenons, pour le chiffre des salaires par hectare, 65 fr. 96 c., et nous aurons à ajouter, pour les salaires dépensés dans les locatures, 65.96 × 16 = 1,055 fr. 56 c.

En résumé, le chiffre total des salaires, en tenant compte de toutes les corrections que nous venons d'indiquer, s'élève à 54,957 fr. pour toutes les terres du domaine ainsi réparties :

		HECTARES
Blé.		75.10
Seigle.		51.59
Orge..		5.05
Avoine.		25.10
Sarrasin.		18.50
Betteraves.		17.50
Pommes de terre.		20.00
Topinambours.		4.00
Navets.		10.00
Rutabagas.		1.50
Lupin.		10.00
Genêts..		6.00
Luzernes.		13.75
Trèfle ordinaire.		15.70
Trèfle incarnat.		9.70
Maïs.		12.20
Vesces d'hiver.		6.00
Vesces de printemps..		4.50
Pâtures et jachères.		117.91
Vignes et cerisiers.		6.00
Prés.		90.00
Étangs..		152.00
Bois et parcs.		1,156.00
Locatures.		41.10
Jardins, maisons, etc.		76.00
TOTAL.		1,925.00

La moyenne générale des salaires par hectare s'élève à 28 fr. 55 c.

La constitution du domaine de Dampierre diffère notablement, par sa grande étendue d'eau, de bois et

de pâtures, de celle de la plupart des exploitations
agricoles sur lesquelles il a été publié, jusqu'à ce jour,
des études malheureusement trop rarement complètes
et sur un plan scientifique ; cette constitution explique
le chiffre, relativement peu élevé, des salaires exigés
pour le mode d'exploitation adopté.

De tous les détails qui viennent d'être donnés, il
résulte qu'à Dampierre le produit brut par hectare,
entendu dans le sens admis par M. de Lavergne, s'établit
ainsi :

Revenu du propriétaire. . . .	29.61,	soit 29 fr.
Bénéfice de l'exploitant. . . .	11.95	— 12
Impôts.	3.00	— 3
Frais accessoires.	11.93	— 12
Salaires.	28.55	— 29
Total.	85.04,	soit 85

M. de Béhague obtient donc, comme propriétaire, un
revenu de 50 pour 100 plus élevé que dans la région du
Centre, et, comme exploitant, un revenu de plus du
double ; il a dû, pour cela, sextupler les frais accessoires, mais il n'a pas augmenté la dépense ordinaire
en salaires. Avec des terres qui ne pourraient pas
donner 5 fr. de rente au propriétaire, il est parvenu à
avoir un produit brut de 85 fr. par hectare. On peut
donc dire qu'il a complétement atteint le but qu'il
s'était proposé. Pressé par nos questions, excité à parler
par notre insistance à l'interroger, il a fini par résumer,
à peu près en ces termes que nous essayons de reproduire fidèlement, la tâche qu'il a accomplie :

« Quand je me reporte à l'époque de mon début, nous
a-t-il dit, j'aperçois encore une terre dans le plus triste
état. Les fermes fournissaient à peine le grain néces-

saire aux exploitants; les bestiaux étaient en petit
nombre, d'une nature misérable, et n'avaient pour toute
nourriture qu'un maigre pâturage de bois, de friches et
de Bruyères. C'était encore là la situation de mon voisinage, il y a peu d'années. Les bois étaient négligés et
en partie détruits par le pâturage du bétail ; une grande
étendue de terrains restait inculte. Pour faire cesser ce
déplorable état de choses, je crus devoir rendre au sol
forestier, en suivant les idées de Royer, l'énorme proportion des terres improductives dont j'étais devenu
propriétaire, et ne conserver en sol arable que les terrains de qualité comparativement supérieure, en appliquant à leur exploitation tous mes moyens d'action.
Après tantôt un demi-siècle d'efforts persévérants, j'ai
la satisfaction de voir mes soins récompensés et mes es-
pérances réalisées. Dans un pays assez pauvre, où les
conditions naturelles favorisaient peu la culture perfectionnée, vous avez pu voir une exploitation importante, soumise à un assolement régulier, peuplée de
bestiaux bien entretenus, appartenant aux meilleures
races ; vous avez visité de bons prés dont beaucoup sont
arrosés, une grande quantité de bois résineux que j'ai
créés et de vastes plantations de bois feuillus que j'ai
ajoutés aux bois existants. Pour assurer des débouchés
à mes produits forestiers, j'ai établi une scierie et élevé
deux tuileries, dont une très-importante trouve un
large débit pour ses divers produits, tuyaux de drainage,
tuiles, briques de qualité supérieure. J'ai construit, à
Gien, un four qui tire d'un gisement de riche calcaire,
dont j'ai fait l'acquisition, une chaux d'excellente qualité pour le chaulage de mes terres. Par la féculerie que
j'ai établie et par mes moulins, j'obtiens un meilleur emploi de quelques-uns des produits de mon sol et je réserve, pour la nourriture de mes troupeaux, des résidus

utiles ; j'augmente ainsi, en même temps que par des importations de matières fertilisantes tirées du commerce ou de mes étangs, la fécondité de mon sol. Enfin j'ai organisé l'administration de ma terre comme celle d'une entreprise industrielle, et j'ai établi une comptabilité assez complète, où vous avez pu vous rendre compte de toutes mes opérations, lire, malgré les lacunes qu'y ont faites les Prussiens, l'histoire complète de mon domaine, en vous assurant que j'ai créé une agriculture prospère, c'est-à-dire avec bénéfices certains et croissants. J'ai élevé le produit brut et le produit net non-seulement de mes terres, mais encore des terres du pays, car j'ai eu le bonheur d'être imité. Vous avez pu voir que chacun autour de moi cultive maintenant des fourrages, des Maïs, des Betteraves, souvent sur de vastes étendues, et, si vous avez interrogé les vieux habitants de la contrée, ils vous ont dit que ces mêmes terres, couvertes de belles récoltes aujourd'hui, étaient naguère incultes. La preuve la plus évidente du progrès accompli est le haut prix auquel les terres se sont élevées ; il a plus que triplé. »

11

LI

STATIQUE DU DOMAINE DE DAMPIERRE

Le but que nous nous proposons, en écrivant ce chapitre, est de donner quelques éléments nouveaux de discussion pour la solution de ce problème capital de toute exploitation agricole : doit-il y avoir équilibre entre les exportations du domaine en denrées produites par les champs ou par les étables d'une part, et les importations en matières fertilisantes ou alimentaires venant du dehors, d'autre part?

Quelques agronomes prétendent qu'un domaine soumis à un assolement convenable soutient par lui-même sa puissance de production, ou, en d'autres termes, la fertilité de ses champs, sans avoir besoin d'aucun engrais venu du dehors. Pour un chimiste, cette thèse n'est pas soutenable, pas plus que celle du mouvement perpétuel pour un mécanicien, ou celle de la quadrature du cercle pour un géomètre. Mais il faut des faits pour convaincre les agriculteurs qui s'entêtent à voir dans la production végétale, ou dans la production animale, l'influence de

causes occultes faisant de la matière sans matière, de la
potasse, par exemple, ou de la chaux, sans potasse ou
sans chaux, apportées aux plantes. Or, de tout cela, il ne
peut être donné qu'une démonstration de fait ou *a posteriori*. Quand un sol n'a pas de potasse, ou quand il
n'a pas de chaux, il est stérile, ou du moins il ne produit une récolte déterminée qu'en proportion de la
quantité de potasse ou de la quantité de chaux contenues
soit dans la graine servant de semence, soit dans les eaux
pluviales, ou souterraines, ou d'irrigation, ou encore
d'inondation, qui sont mises en circulation dans le végétal, sous la double action de l'absorption par les
racines et de l'évaporation par les feuilles. Les eaux qui
circulent ainsi dans les plantes, en apportant des principes qui souvent viennent de très-loin, réalisent ce que
nous appelons l'importation ou encore la restitution in
directes. Nous réservons le mot de restitution directe pour
désigner l'importation volontaire de matières fertilisantes étrangères : chaux, marne, tangue, phosphate, guano,
poudrette, tourteaux, et, en général, de toute substance
minérale ou organique, susceptible de fournir à l'eau
circulant dans la couche arable des matières solubles,
pouvant entrer dans l'organisme végétal.

Si l'on pouvait nous citer un seul exemple d'une culture produisant (en azote, potasse, chaux, phosphore)
plus qu'il n'est introduit directement et indirectement
dans le domaine, et se soutenant pendant de longues
années, nous n'hésiterions pas à croire que nous ne dé-
fendons pas la vérité. Nous ferions de même dans le cas
où l'on arriverait simplement à démontrer une égalité
absolue entre l'entrée et la sortie, avec maintien de la
même production pendant quelques années ; car nous
admettons qu'il y a des pertes nécessaires à réparer, et
que, par conséquent, la restitution doit être supérieure

à l'exportation, pour l'équilibre de la fertilité, et, à plus forte raison, pour son accroissement.

Les faits qui se passent sur le domaine de M. de Béhague ont précisément ce caractère d'une haute valeur, que la restitution directe, quelle que soit son importance d'ailleurs, est inférieure à l'exportation pour quelques-uns des éléments importants entrant dans la constitution des corps organisés. Si l'on s'en tenait là, on conclurait que la bonne culture seule suffit pour assurer la fécondité d'un domaine; mais il y a une considérable restitution naturelle ou indirecte (c'est-à-dire ne dépendant pas d'apports provenant d'achats), et c'est là ce qui est digne d'être mis en lumière pour la science agronomique.

Établissons donc tout d'abord quelles sont les exportations au dehors du domaine. Elles se composent de récoltes et de produits animaux. Nous prendrons comme exemple les trois dernières années, 1872, 1873 et 1874.

Mais, auparavant, nous ferons une remarque. Il n'y a pas lieu de s'occuper, dans le problème de statique agricole que nous étudions, des matières qui sont simplement constituées par du carbone et par les éléments de l'eau (de l'hydrogène et de l'oxygène) ; tels sont la fécule, le sucre, la cellulose, etc. Les éléments de l'eau arrivent en excès le plus souvent; quand ils ne sont pas à la disposition de la végétation en quantité surabondante, ainsi qu'il advient dans les années de sécheresse pour les terres non irriguées, la végétation languit. Tout est prouvé à cet égard, et il n'est pas nécessaire d'insister. Les choses sont analogues pour le carbone, qui est fourni par l'acide carbonique contenu dans l'atmosphère, sorte de réservoir commun où il n'est guère donné à personne de se faire une part prépondérante, et qui est assez richement doté pour faire face à tous les besoins. Les corps dont nous avons à rechercher le dosage peuvent donc être, dans l'état actuel de nos connaissances, bornés aux quatre suivants : l'azote, l'acide phosphorique, la potasse, la chaux.

Cela étant compris, nous ne considérerons pas comme une exportation intéressant la fertilité du domaine de Dampierre celle de la fécule, tous les résidus de la féculerie étant employés comme engrais, pour les terres, ou comme aliment, pour le bétail. Nous allons donc calculer les autres exportations. Nous trouvons d'abord, en ce qui concerne les produits végétaux, les résultats suivants :

Année 1872. — La production du Froment a été de 1,950 hectolitres ; il en a été exporté 1,640 hectolitres, puis vendu aux ouvriers 100 hectolitres (petit Blé principalement) ; le restant a été semé ou consommé dans les trois fermes. L'exportation a donc été, pour ce chef, de 1,740 hectolitres ou 157,240 kilogrammes de blé.

La récolte de Seigle s'est élevée à 525 hectolitres ; il a été exporté 375 hectolitres ; le restant a servi aux semailles et à la consommation des fermes, y compris 4 ou 5 hectolitres livrés à la consommation locale. L'exportation a donc été de 21,000 kilogrammes de seigle.

En Orge et en Escourgeon, on a récolté 165 hectolitres, mais le tout a été consommé en mouture pour l'engraissement du bétail.

Les 20 hectolitres de Sarrasin qui ont été récoltés ont été consommés en semis sur le domaine.

Les 54 hectolitres de Maïs en grains que l'on a obtenus ont été employés à l'engraissement du bétail.

La récolte de l'Avoine a fourni 600 hectolitres, qui ont été entièrement employés à faire les nouvelles semailles ou à nourrir les chevaux de la ferme, les chevaux du château et les agneaux.

Quant aux racines, aux Luzernes, Trèfles, foins, pailles, etc., le tout a été employé pour nourrir le bétail, faire la litière ou le fumier, et est resté sur le domaine. Il en a été régulièrement de même tous les ans.

Année 1873. — La récolte de Froment a été de 650 hectolitres seulement; il a été exporté 300 hectolitres pour le commerce, et on a vendu 80 hectolitres aux ouvriers; le restant a été semé ou consommé sur les trois fermes. L'exportation réelle a donc été de 380 hectolitres ou 28,880 kilogrammes.

Sur les 285 hectolitres de Seigle récoltés, il en a été semé et consommé 155 hectolitres; le restant a été vendu, ce qui fait une exportation de 130 hectolitres ou 9,360 kilogrammes.

La récolte de l'Orge a été de 120 hectolitres, dont 40 ont été consacrés au semis et 80 vendus; l'exportation a donc été de 4,800 kilogrammes.

Il n'a pas été récolté de Sarrasin. On a eu 110 hectolitres de Maïs, qui ont été consommés par les agneaux d'engrais, et 440 hectolitres d'Avoine, qui ont servi à la consommation des chevaux ou des troupeaux et aux semailles.

Année 1874. — La récolte de Froment s'est élevée à 2,100 hectolitres. La vente au commerce a été de 1,800 hectolitres et celle aux ouvriers de 100 hectolitres; le restant a servi ou doit servir aux semailles et à la consommation des trois fermes. L'exportation a donc été de 1,900 hectolitres ou 144,400 kilogrammes.

On a récolté 550 hectolitres de Seigle, dont 160 pour les semailles et la consommation des fermes, et 390 pour la vente, ce qui fait une exportation de 28,080 kilogrammes.

La récolte de Sarrasin ne donne rien pour l'exportation.

Tout le Maïs a été consommé en vert.

La récolte d'Avoine n'a fourni que 500 hectolitres, qui serviront entièrement aux semailles et à la consommation des fermes ou du château.

Les exportations des denrées végétales peuvent donc se résumer ainsi :

	BLÉ Kilogr.	SEIGLE Kilogr.	ORGE Kilogr.
1872.	132,240	27,000	»
1873.	28,880	9,360	4,800
1874.	144,400	28,080	»
TOTAUX. . . .	305,520	64,440	4,800
Moyennes annuelles.	101,840	21,480	1,600

Il faut y joindre l'exportation en produits animaux, que nous devons porter au quart du poids du cheptel vivant estimé dans le chapitre VIII, soit à 30,000 kilogrammes de poids vif.

D'après les recherches de votre Rapporteur, précédées ou corroborées par celles d'un grand nombre de chimistes, on peut admettre les dosages suivants (les chiffres relatifs au Blé ont seuls été déterminés directement sur le grain récolté chez M. de Béhague, voir chap. XXVIII) :

POUR 100 DE	AZOTE	ACIDE PHOSPHORIQUE	POTASSE	CHAUX
Blé.	2.09	0.57	0.49	0.12
Seigle.	1.76	0.92	0.20	0.08
Orge..	1.44	0.80	0.27	0.07
Animaux domestiques.	5.00	2.00	2.00	1.00

On a alors, par le calcul, pour l'évaluation approximative de l'exportation annuelle hors du domaine de Dampierre :

	AZOTE	ACIDE PHOSPHORIQUE	POTASSE	CHAUX
	Kilogr.	Kilogr.	Kilogr.	Kilogr.
Blé.	2,128	580	499	122
Seigle.	165	198	43	17
Orge.	23	13	4	1
Animaux domestiques. .	900	600	600	300
Totaux. . . .	3,216	1,391	1,146	440

Les importations en 1874 ont été les suivantes :

Chaux pour chaulage (2,424 hec- tolitres × 82.5).	200,000 kilogr.
Phosphates fossiles.	16,000 —
Tourteaux de Colza.	10,000 —
Tourteaux de Lin.	1,500 —
Maïs en grain.	15,000 —

En admettant les dosages suivants, qui résultent de nos recherches personnelles :

POUR 100 DE	AZOTE	ACIDE PHOSPHORIQUE	POTASSE	CHAUX
Chaux pour chaulage. .	»	»	»	95.00
Phosphates fossiles. . .	»	15.00	»	20.00
Tourteaux de Colza. . .	4.97	2.10	1.40	0.98
Tourteaux de Lin. . .	5.20	2.30	1.52	0.88
Maïs en grain.	1.60	0.95	0.37	0.03

On calculera facilement les restitutions suivantes produites par les importations du dehors :

	AZOTE	ACIDE PHOSPHORIQUE	POTASSE	CHAUX
	Kilogr.	Kilogr.	Kilogr.	Kilogr.
Chaux pour chaulage. .	»	»	»	186,000
Phosphates fossiles. . .	»	2,400	»	3,200
Tourteaux de Colza. . .	497	210	140	98
Tourteaux de Lin. . . .	78	34	23	13
Maïs en grain.	240	142	56	1
Totaux. . . .	815	2,786	219	189,312

On voit que les importations par achat de matières
fertilisantes sont bien plus que suffisantes pour resti-
tuer l'acide phosphorique et la chaux enlevés par la
vente des denrées qui sortent du domaine ; au contraire, la fertilité des terres arables ne paraît pas maintenue en ce qui concerne l'azote et la potasse ; les
récoltes devraient épuiser les réserves qui ont été établies par le tableau des analyses du sol et du sous-sol
(chap. XVIII). Mais il y a les restitutions naturelles ou
indirectes qui expliquent l'accroissement de fertilité
des champs cultivés, malgré la supériorité des exportations par rapport aux restitutions par achat de matières fertilisantes étrangères.

En effet, en ce qui concerne l'azote, on a vu d'abord
que M. de Béhague fait répandre de grandes quantités
de ses vases d'étangs, qui renferment de 0.6 à 0.9
d'azote pour 100 (chap. XXII). En une seule année, il a
ainsi restitué à ses champs plus de 25,000 kilog. d'azote,
c'est-à-dire pour l'exportation de plus de sept années.
En outre, il amène, pour constituer ses fumiers, des
masses considérables d'herbes et de Bruyères ou fougères coupées dans les bois et sur les bords ou les
queues des étangs. Enfin, ses prairies sont irriguées par
des eaux abondantes, sans compter encore les inondations de la Loire, et surtout par les eaux souterraines
qui affluent en mille endroits, et parfois forment même
des sources gênantes qu'il faut enlever par des drainages qui les utilisent.

En ce qui concerne la potasse, il y a des restitutions
dues aux mêmes causes. Ainsi, en une seule fois, il a
répandu par ses vases d'étang près de 7,000 kilog. de
potasse, c'est-à-dire pour l'exportation de six années.
Mais, en outre, M. de Béhague fait répandre sur ses
champs les cendres des tuileries, de la locomobile à

11.

vapeur et de tous ses foyers qui consomment de grandes quantités de bois. Si l'on veut bien se souvenir que les terres cultivées n'occupent d'ailleurs qu'une bien petite surface par rapport aux terres boisées, si l'on a noté, comme nous l'avons fait, que les étangs sont les égouts de tout le plateau sur lequel s'étend la vaste forêt d'Orléans, on reste convaincu que son mode d'exploitation a pour effet d'enrichir constamment les terres qu'il cultive malgré la production d'une certaine quantité de denrées d'exportation. Cela a été le but constamment poursuivi par notre Confrère ; il ne met de fumier que sur ses bonnes terres, les autres ne devant recevoir que le parcage de ses troupeaux ; il agit ainsi parce qu'il est bien convaincu que *petite terre* ne donne que difficilement un piètre intérêt pour le capital qu'on lui confie, et que les bonnes terres rapportent toujours, au contraire, en proportion des avances qu'on leur fait.

La question qui vient d'être traitée avec quelques détails à propos du domaine de Dampierre est fondamentale en agriculture. Bien des fois il est arrivé qu'on a invoqué, pour rendre compte des matières trouvées dans une récolte et qui n'existaient pas dans l'épaisseur de la couche arable remuée par la charrue, des causes mystérieuses de restitution ou des apports faits par l'atmosphère. Nous rappellerons, notamment, la question posée en 1837 par un de nos anciens confrères, M. Oscar Leclerc-Thouïn, dans un Mémoire présenté à l'Académie des sciences, précisément à l'occasion de la fertilité des sables de la Loire, dans l'île de Chalonnes, c'est-à-dire à l'occasion de sables identiques à ceux que nous avons trouvés à Dampierre. « Les auteurs qui se sont livrés à des recherches de chimie agricole, disait M. Leclerc-Thouïn, ont été conduits à écrire qu'une bonne terre devait se composer presque entièrement

de silice, de chaux et d'alumine [1] en proportions à peu
près égales, et que la fertilité allait nécessairement en
diminuant à mesure que la proportion des trois éléments s'écartait plus de l'égalité. Cependant l'examen
que j'ai fait des terres d'un pays regardé comme l'un
des plus fertiles de la France me l'a montré composé de
sable siliceux très-fin, d'un peu de fer, d'une très-petite
portion d'alumine, et seulement de traces à peine sensibles de chaux. Un échantillon de ces terres provient
de l'île de Chalonnes; mais le sol de cette île est à très-
peu près identique à celui de toutes les vallées d'alluvion
de la Loire. » Ici M. Leclerc-Thouïn n'exprimait pas toute
sa pensée; mais, dans une lettre qu'il écrivit, à la
même époque, à M. Chevreul, il lui demanda comment,
dans les terres des vallées de la Loire, aux environs de
Chalonnes, des moissons abondantes présentaient toujours de la chaux dans leurs cendres, tandis que le sol
sableux cultivé ne contenait que des traces de calcaire
à peine sensibles [2]. Il était disposé à croire que cet élément avait été formé par la végétation même des plantes
venues dans le sol. M. Chevreul répondit que le sol dont
il s'agit était dominé par des roches calcaires, et que les
eaux qui s'en écoulaient pénétraient les terres des vallées et y portaient des sels de chaux. « Il ne faut pas
croire l'apparence, a ajouté M. Chevreul, en opposant
la faible quantité de calcaire contenue dans une eau
avec celle que renferment les plantes dont les racines
sont en contact avec cette eau, par la raison que, dans la

---

[1] Nous copions textuellement. — *Comptes rendus de l'Académie*,
t. V, p. 756.

[2] Voir, dans le *Bulletin* des séances de la Société centrale d'agriculture de France, les observations de M. Chevreul sur cette question, 2ᵉ série, t. VII, p. 458 (1851-1852) ; — 3ᵉ série, t. II, p. 599
(1866-67); — 5ᵉ série, t. V, p. 249 (1869-70).

vie de la plante, toute l'eau transpirée à l'état de vapeur
a abandonné à cette plante la matière minérale qu'elle
tenait en solution. » Ce sont des phénomènes analogues
qui se passent dans les terres de Dampierre ; les eaux
souterraines n'apportent pas seulement du calcaire,
mais encore de la potasse et d'autres éléments minéraux
enlevés aux roches supérieures ou même des éléments
organiques abandonnés par les terres des plateaux. Ces
éléments minéraux et organiques sont absorbés par les
plantes, et ainsi s'explique leur présence dans les végétaux en proportion plus forte que ne paraît devoir le
faire supposer l'étude du sol arable envisagé isolément.
C'est donc avec beaucoup de raison que l'examen des
eaux souterraines a été repris, comme ayant une haute
importance, par M. Paul de Gasparin. Dans trois arti-
cles du *Journal des savants* [1], M. Chevreul a, du reste,
posé magistralement les règles à suivre dans ces sortes
de recherches agronomiques ; l'examen attentif des faits
que nous a montrés l'exploitation de M. de Béhague
devait nous conduire à en faire une application qui,
nous l'espérons, ne sera pas sans utilité.

[1] Novembre et décembre 1873 ; mai 1874.

LII

UN BEL ET NOBLE EXEMPLE DE LA VIE RURALE

Pour clore ce compte rendu, nous regardons comme
un devoir de dire quelques mots de la vie rurale, telle
que l'a comprise et pratiquée notre Confrère. Il a donné
les meilleurs et les plus utiles exemples. Il appartient
à notre Société de proclamer hautement combien ils
feraient œuvre patriotique ceux qui, nés avec la fortune, se voueraient, comme lui, à cette noble et large
existence du propriétaire administrant ses terres lui-
même, cherchant tous les moyens d'améliorer son domaine par l'emploi des méthodes et des machines nouvelles, mais aussi par le contrôle le plus sévère d'expériences exactes et d'une comptabilité rigoureuse ; se
livrant à l'élevage des animaux domestiques bien appropriés aux circonstances du sol, du climat et des débouchés; sachant trouver, dans un personnel affectionné à
sa personne comme à son œuvre, des aides dévoués et
intéressés à son succès.

Qn'on ne prétende pas qu'il faille désormais, pour

mener la vie rurale, se séparer du monde entier,
prendre des habitudes naguère nommées rustiques,
parce qu'elles étaient nécessairement grossières. La
boue et l'odeur nauséabonde du fumier semblaient devoir former le milieu indiscutable dans lequel l'existence devait se passer. Combien la vérité apparaîtra
différente à ceux qui visiteront le châtelain de Dampierre. Cependant il a su faire de l'argent avec l'agriculture, et non pas seulement de l'agriculture avec de
l'argent, quoique l'on ne doive pas chercher à faire
croire que les capitaux soient moins indispensables
pour l'industrie agricole que pour toute autre industrie.
On trouve chez lui l'élégance à côté de la ferme.

M. de Béhague a donné aussi la preuve que l'on peut
joindre aux occupations rurales les distractions de
l'esprit. Il faut même qu'il en soit ainsi, car nulle
profession n'exige la réunion d'un nombre de connaissances aussi variées que celle d'agriculteur dans
toutes les sciences positives et économiques. L'intelligence, les capitaux, la science sont des conditions
de toute bonne agriculture. On peut donc, dans la vie
rurale, trouver à la fois les jouissances d'habitudes
sociales élevées et les ressources du développement de
l'intelligence.

Il n'est pas vrai non plus de dire qu'un propriétaire
agriculteur va à sa ruine par la culture. Déjà notre ancien Confrère, M. de Tracy, dont la mémoire est vénérée
dans notre Compagnie, avait montré, par les résultats
qu'il avait obtenus personnellement, qu'un propriétaire
instruit et sage sait faire prospérer ses affaires tout en
se livrant à l'agriculture. M. de Béhague a prouvé qu'il
peut plus, qu'il peut encore accroître sa fortune dans
des proportions assez fortes. Ni l'un ni l'autre, cependant, ils n'étaient disposés à se laisser illusionner ; ils

n'ont supputé que des faits bien acquis ; ils ont poussé même le scrupule jusqu'à ne pas compter, dans l'évaluation de la valeur des domaines transformés, l'amélioration foncière qui s'accroît d'année en année, la fertilité accumulée qui est accusée nettement par l'état des récoltes.

Les progrès de l'agriculture ne peuvent être assurés que si ceux qui s'y dévouent trouvent satisfaits en même temps leurs intérêts de tous genres, Or, de tous les exploitants, ceux-là qui peuvent le plus efficacement concourir au bien général sont les grands propriétaires. M. de Tracy l'a admirablement démontré dans sa quatrième lettre sur la vie rurale, où il a passé en revue le rôle : 1° des petits propriétaires ou locataires, qui ne peuvent rien ; 2° des métayers, qui ne peuvent quelque chose qu'avec le concours des propriétaires ; 3° des fermiers, qui sont plus puissants quand ils sont riches, mais dont l'action sur l'amélioration de la terre a pour obstacle leur qualité de tenanciers passagers ; 4° enfin des propriétaires de domaines suffisamment étendus pour comporter l'emploi des machines et qui cultivent soit par eux-mêmes, soit concurremment avec des régisseurs. Ces propriétaires sont les principaux promoteurs du bien réalisé.

Il est donc de la plus haute importance que les grands propriétaires exploitant par eux-mêmes rencontrent, dans la résolution qu'ils ont prise de suivre la carrière agricole, à la fois : 1° le moyen d'accroître leur situation matérielle ; 2° l'occasion d'exercer, dans le pays qu'ils servent, peut-être mieux par cette détermination qu'en entrant dans les fonctions publiques ou dans toute autre carrière dite libérale, ou bien encore industrielle ou commerciale, une influence et une autorité reconnues et honorées; 3° enfin la possibilité de ne pas rester étrangers à toutes les autres jouissances de l'esprit et des relations de société.

L'exemple qu'a donné M. de Béhague est complet.

Nous avons vu, en effet, les succès matériels de ses plantations et de ses cultures ; nous avons constaté l'amélioration incontestable et l'assainissement du sol, l'accroissement continu du rendement des récoltes, l'état florissant du bétail de Dampierre, la grande production de fumier, et nous avons reconnu l'augmentation incessante de la rente produite par la terre. Sur le premier point que l'examen d'une grande entreprise agricole devait mettre en évidence, notre mission a été complètement remplie, et nous ajouterons que c'était un devoir facile.

Quant à l'influence qu'a exercée M. de Béhague, aux services qu'il a rendus au pays, les faits parlent d'une manière éclatante. Déjà, il y a douze ans, un de nos Confrères, M. Lecouteux[1], a écrit quelques pages éloquentes pour les mettre en lumière. En consacrant à la vie rurale sa longue existence, son activité toujours sagace, sa fortune, M. de Béhague a donné un des exemples les plus utiles que l'on puisse citer ; on ne saurait douter que cet exemple servira à combattre bien des préjugés, à réfuter bien des préventions, qui ont malheureusement pour résultat de détourner de l'agriculture les intelligences et les capitaux. Notre Confrère a été honoré des suffrages de ses concitoyens pour remplir

---

[1] Ces pages sont reproduites dans les *Considérations sur la vie rurale*.

de hautes fonctions électives ; il a reçu aussi toutes les
distinctions que les gouvernements de notre pays, qui
se sont succédé depuis un demi-siècle, ont résolu de
décerner aux agriculteurs, comprenant enfin que l'agriculteur qui fait faire des progrès à son art rend des services signalés à la patrie. La considération, les hon-
neurs qui sont venus trouver notre Confrère, prouvent
donc que, sur le second point, sa carrière a été
poursuivie de façon à servir d'exemple aux nouvelles
générations. Il est vraiment désirable que la France
puisse citer beaucoup de grands propriétaires ayant
ainsi rempli leurs devoirs dans la haute acception de
ce mot.

Enfin, et c'est un point non moins essentiel que les
deux premiers aspects de la vie rurale que nous avons
pu mettre en relief, M. de Béhague a été loin de rester
étranger aux mouvements si divers et si agités de notre
société. Le grand propriétaire, qui se fait exploitant de
son domaine par lui-même, n'est plus destiné, dans ce
dix-neuvième siècle, si décrié ou si vanté, selon le point
de vue du moraliste, à rester étranger à toutes ces palpi-
tations qui font sentir l'existence. Il n'est pas condamné
à l'isolement intellectuel, non plus qu'à une sorte de
séquestration monacale. Les chemins de fer mettent
l'habitant d'une ferme ou d'un château à quelques
heures de Paris ou tout au moins d'une grande ville ;
la poste lui apporte tous les jours ses lettres et ses jour-
naux, et il peut généralement répondre courrier pour
courrier ; le télégraphe lui permet enfin d'être informé,
à l'instant même pour ainsi dire, de la production de
tous les faits tristes ou joyeux, heureux ou fâcheux,
qui peuvent survenir parmi les siens ou parmi ses amis.
Enfin c'est une large existence que celle d'un grand

propriétaire qui peut se donner une habitation bâtie ou
disposée à son gré et selon ses goûts, dans laquelle au
moins la lumière et l'air ne manquent jamais ; où la
grosse bûche peut, pendant l'hiver, brûler dans le foyer ;
où les splendeurs de la végétation peuvent, durant l'été,
orner tous les lieux, soit de repos, soit de méditation et
de travail. M. de Béhague a employé une partie de son
intelligence à être ainsi heureux, et il a écrit avec raison, dans son Mémoire pour le concours de la prime
d'honneur en 1861, où il a été le lauréat applaudi, que
ses revenus, provenant de ses bénéfices agricoles, eussent été bien plus considérables, sans les dépenses occa-
sionnées par la vie qu'il a menée sur sa terre et les
soins qu'il a voulu donner à toutes choses. Il n'a pas
regretté d'agir ainsi, parce que c'est beaucoup que
d'entretenir autour de soi la prospérité d'une population de plus en plus nombreuse, qui, même à son insu
et peut-être le méconnaissant, reçoit des bienfaits ayant
pour résultat de rendre les nouvelles générations plus
heureuses et meilleures. Nous vous avons montré les
familles qu'il a fixées sur son domaine par des bienfaits, qui sont en même temps des actes de bonne administration. Nous avons cité également les œuvres de
bien qu'il a fondées. Que des esprits chagrins ne viennent pas soutenir que c'est là une œuvre vaine, que les
populations villageoises ne tiendront aucun compte de
ce qui aura été produit en leur faveur. En fait, la reconnaissance est encore une des vertus certaines de l'humanité ; des passions surexcitées peuvent l'obscurcir,
elle restera. Il y a toujours avantage à avoir son nom
béni plutôt que maudit.

Ainsi, sous tous les rapports, le domaine de Dampierre a été bien conduit. Il constitue une richesse en

cours d'augmentation et pour le pays en général, et pour son propriétaire ; il produit, chaque année un revenu plus fort, et il fait bien vivre un plus grand nombre d'habitants. La leçon agricole qu'il donne est d'une haute importance ; elle montre comment on doit traiter des terres selon leur nature, en plantant les unes en bois de diverses essences, en soumettant les autres à des assolements variables selon l'état de fécondité auquel elles peuvent être amenées. Les procédés de culture les mieux appropriés au sol et au sous-sol ont été déterminés par l'expérience. De même la méthode expérimentale *a posteriori* a servi à éclairer les principales questions de l'élevage et de l'engraissement du bétail. Enfin des usines annexées aux fermes servent à la transformation des produits agricoles, de manière à laisser sur le domaine le plus de résidus utiles qu'il est possible de le faire, et à réduire l'exportation des principes fertilisants ; ceux-ci sont restitués par des importations d'engrais assez considérables pour que la fécondité de la terre augmente sans cesse.

Les faits rendent donc hautement hommage à l'homme de bien dont la mémoire vivra par les bonnes œuvres qu'il a accomplies comme administrateur, par les bons exemples qu'il a laissés comme agriculteur praticien. C'est une heureuse et rare fortune que les circonstances soient telles que cette proclamation ait pu être faite de son vivant, mais il la méritait bien de la part de ses Confrères. M. de Béhague a voulu montrer qu'il est de ceux qui savent le prix de la science en faisant une libéralité dont notre Compagnie sera la dispensatrice, en faveur de l'auteur du meilleur travail

sur l'élevage ou sur l'engraissement du bétail. C'est
à juste titre que, tous les deux ans, dans nos séances
solennelles, son nom sera applaudi, quand on applau-
dira les lauréats du prix qu'il a créé.

Fig. 7. — Vue du château de Dampierre.

TABLE DES PLANCHE ET GRAVURES

PLANCHE HORS TEXTE.

FRONTISPICE.

GRAVURES NOIRES.

TABLE DES MATIÈRES

PARIS. — IMP. SIMON RAÇON ET COMP., RUE D'ERFURTH, 1.

Imprimé en France
FROC031551230919
22213FR00019B/310/P